JN094551

ANIMAL ETHNOGRAPHY

新・動物記　8

土の塔に木が生えて

シロアリ塚からはじまる小さな森の話

山科千里

YAMASHINA CHISATO

京都大学学術出版会

ナミビア共和国、首都から1000キロも離れた小さな村。

脳天に突き刺さるような暑さの中、

「シロアリ塚」を探して日々何十キロも歩き回る。

クタクタに疲れてふと顔を上げると、

目の前には雨季に一斉に葉を出した木々の緑がどこまでも続く。

見渡す限り人工物はひとつもない。

私は今、この大自然のど真ん中にいる。

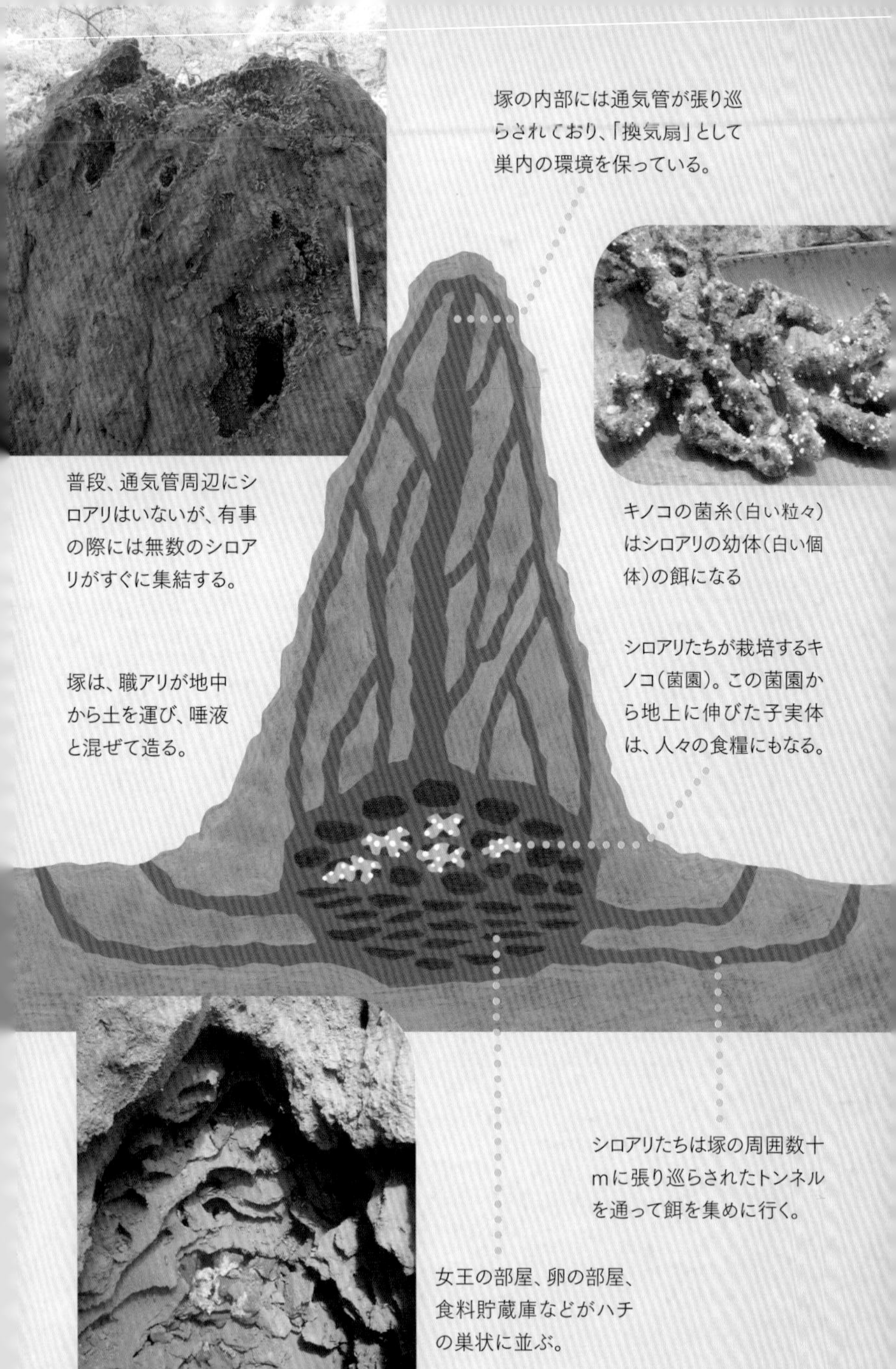
塚の内部には通気管が張り巡
らされており、「換気扇」として
巣内の環境を保っている。
普段、通気管周辺にシ
ロアリはいないが、有事
の際には無数のシロア
リがすぐに集結する。
キノコの菌糸（白い粒々）
はシロアリの幼体（白い個
体）の餌になる
塚は、職アリが地中
から土を運び、唾液
と混ぜて造る。
シロアリたちが栽培するキ
ノコ（菌園）。この菌園か
ら地上に伸びた子実体
は、人々の食糧にもなる。
シロアリたちは塚の周囲数十
mに張り巡らされたトンネル
を通って餌を集めに行く。
女王の部屋、卵の部屋、
食料貯蔵庫などがハチ
の巣状に並ぶ。

研究対象紹介

オオキノコシロアリ属 (*Macrotermes*)

昆虫網等翅目シロアリ科

分布 主にアジアやアフリカの熱帯

巣の形態 乾燥・半乾燥地では地表に大きな塚を形成する。その高さは時に5mを超える。

繁殖カーストである女王アリと王アリ、不妊カーストである兵アリや職アリという異なる形態をもつ個体がひとつの集団内に存在し、分業を行う真社会性昆虫。その名の通り、食糧となるキノコを巣の中で栽培している。

兵アリ(左)と職アリ(右)

兵アリ

大きな頭と顎を持ち、外敵の防御にあたる。

体長1cmを超える大きな体

職アリ

体長は数mm

塚の修復や女王・幼虫の世話、餌集めなどを行う。

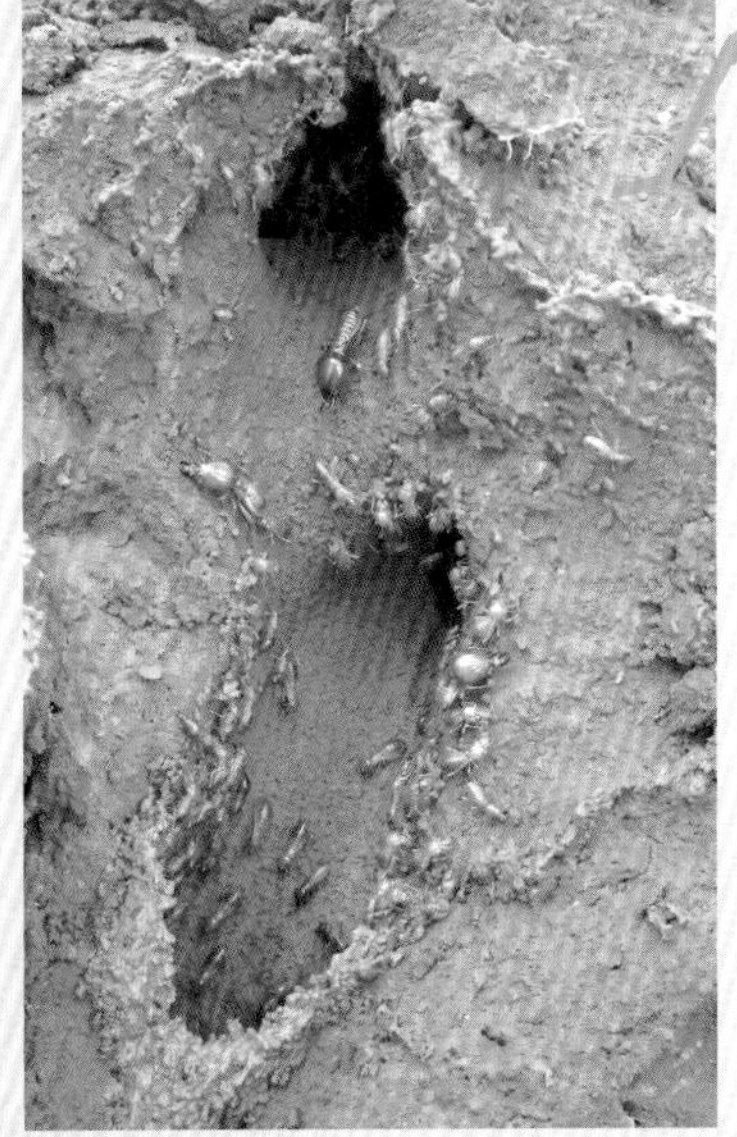

シロアリ塚を壊すと即座に職アリが塚の修復を始め、兵アリはその警護にあたる。

木の下にできる「土の塔」

ナミビア北西部オンバズ村では、シロアリ塚の多くが緑の「傘」を差している。これらのシロアリ塚はほぼすべて、大きな木の下に造られている。

種子の実ったモパネ(右)、「蝶の木」と呼ばれるモパネの葉(左)

背の低いモパネが疎らに生えるモパネサバンナの中、シロアリ塚は時に5mの高さにまでそびえ立っている。

「シロアリ塚の森」には周囲のモパネウッドランドにはみられない樹木が多く生育している。

「土の塔」から森ができる

ナミビア北東部ムヤコ村では、「土の塔」が長い時間をかけて「丘」へと変化する。シロアリ塚が形を変えるその傍らで、シロアリ塚には1本、2本と樹木が侵入し、「シロアリ塚の森」ができていく。

「シロアリ塚の森」ではさまざまな動物に出会う。上からサルバドラの実を食べるニシカンムリコサイチョウ、ミナミジサイチョウの巣、カメラトラップを覗き込むベルベットモンキー。

モパネの疎林の中に突如「シロアリ塚の森」は現れる。

アフリカの人びととシロアリ塚

食料や土壁材などさまざまな資源をもたらし、神や悪霊、祖先とつながる――シロアリ塚は、アフリカの人びとの生活に、物質的・精神的に深く関わっている。

[上]住居の土壁にはシロアリ塚の土が使われる。[中]農地内のシロアリ塚には作物を植え付ける。[下]シロアリ塚の上で栽培されたカボチャ。

雨季、シロアリ塚にだけ生えるシロアリタケ。絶品!

アフリカのいくつかの地域では、虹はシロアリ塚から出てくる蛇に例えられる。

目次

はじめに

二〇〇六年八月三〇日の夜。私は真っ暗闇の中、〝エラオ〟に座ってイモムシらしき・・・ものを食べていた。エラオというのは、焚火を囲む二メートル四方ほどの場で、電気のないこの地では、夜にはこの小さな明かりに家族が集う。背後には吸い込まれそうな闇。焚火の明かりが照らす目の前の半径数メートルが世界のすべてのように感じる。「食べなさい」と渡されたお皿には、ぼんやりとイモムシらしきシルエットが浮かぶ。周りには焚火に照らされた数十の見知らぬ顔、焚火の煙と周りの人たちの体臭の混ざり合ったにおい、一瞬の間もなく飛び交う意味不明の言葉たち、イモムシらしきものの苦いような独特の味と口の中に刺さるトゲトゲの感触、隣にぴったりくっついて座る子どもの温もり。アフリカの村で迎えた初めての夜のこの光景、におい、音、味、感覚は十数年たった今でも鮮明に覚えている。この日から約半年間、私はこの村に滞在して調査をした。さらに、その後も現在まで足掛け一五年近く、私はこの地に通い「シロアリ塚」の調査をしてきた。

「シロアリ塚」。日本に暮らす多くの人にとっては馴染みのない存在であろう。その一方で、メディアを通じて世界の果ての風景までもが日常的に見られる今日では、アフリカのサバンナで遠くを見つめるチーターが立つ「小丘」だったり、南米セラードの「光るアリ塚」だったり、意識せずともその奇妙な構造物を見たことがある人は多いのではないだろうか。「シロアリ塚」はその名からわかるように、シロアリという昆虫が造る〝塚〟である。シロアリは熱帯における土壌動物を代表する存在である。土の中でその生活史の一時期またはすべての時期を過ごす生物を土壌動物といい、日本を含む温帯では、ミミズがその代表例として挙げられる。土壌動物の中でも、特に、土壌の構造や性質を変えることで他の生物の生育環境（ハビタット）を改変する生物を生態系エンジニアと呼び、「ミミズの土作り」というように、生態系において非常に重要な役割を担っている。シロアリは熱帯における生態系エンジニアであり、土壌の物理的な構造や化学的な性質、地表面の微地形を変化させることで、多くの生き物に影響を与えている。シロアリは、世界で三〇〇〇種以上が確認され、巣の形態は種によって地中や地表、樹上などさまざまだ。特に乾燥・半乾燥地には地表に大きな「シロアリ塚」を形成するものが生息している。

私は、二〇〇六年からアフリカ南西部に位置するナミビア共和国でシロアリ塚の調査をしてきた。ナミビアでは、地面からにょきにょきと突き出した「土の塔」のようなシロアリ塚が点在している。かと思えば、同じ国内でも別の地域では、「土の塔」に加えて、こんもりとした森に覆われた巨大なシロアリ塚も出現する。この全く別物に見える「土の塔」と「シロアリ塚の森」は、元は同じものだという。シロアリが地表に造る「土の塔」のようなシロアリ塚が、環境によって形態が変わり、そこに植物が定着・生長し、「シロアリ塚の森」になる。疎らにしか植物の生育していないこの地域で、こんもりとした「シロアリ塚の森」には、種数・バイオマスともに豊かな植物相が見られ、その森は採食資源や営巣地として地域の豊かな動物相を支えている。一方、「シロアリ塚の森」に支えられている野生動物たちも、この豊かな森の形成に一役買っている。さらに、シロアリ塚そのものやシロアリ塚の生み出す資源は、地域の人びとにもさまざまな形で利用されている。このシロアリ塚を取り巻くもろもろが私の研究テーマである。調べていくと、シロアリ塚は地域によって異なる様相を見せ、植物や動物、人びととともさまざまなつながりをもつ不思議でとても魅力的な存在であることがわかってきた。

本書では、これまで私がナミビアを舞台に、調査地を探し、現地の人びとと暮らしながら、まさに暗中模索、手探りで一歩一歩進めてきた研究の日々を綴った。「シロアリ塚にはなぜ木が生えているのか？」「シロアリ塚の森はどうやってできるのか？」その時、その場所で感じた素朴な疑問が私の研究の始まりだった。これまでにわかったことはほんの一握りに過ぎないし、テーマも手法も独自過ぎて科学研究の目指す〝普遍的な法則〟にはまだまだ遥か遠い。その一方で、常に研究の傍らにあったアフリカの人たちとの日々は、時には本題である研究をも覆い隠すほどの衝撃を私に与え、私の考え方、視野、人生を大きく変えた。成果として示すほどのこともまだわかっていないので、本書は研究成果をまとめたものではない。生き物に関する最新の研究の現場を知りたい方には物足りないものだと思う。それでも、本書を執筆しようと思ったのは、これまでアフリカの大自然や人びとが私に与えてくれた〝力〟がこの本からでも少しは伝わるのではないかと思ったからだ。本書を通じて、遠い世界であるアフリカの空気を少しでも感じてもらえたら、世界は広くそのどこかに胸躍るような楽しいことや出会いがまだまだたくさんあるかもしれないと感じてもらえたら、そしてその未知の世界に向かう自分や日々に期待する小さなきっかけにしてもらうことができたら、こんなにうれしいことはない。

1章

始まりはシロアリ塚

1 アフリカのどこかへ

ナミビアに降り立つ

〝エラオでイモムシの夜〟を迎える三週間ほど前の二〇〇六年八月五日。私はナミビア共和国の首都、ウィントフック郊外にある小さな空港に降り立った。飛行機を降りると、強烈な日差しに一瞬目が眩む。目を凝らすと、蜃気楼の先に灌木がぽつりぽつりと生える乾燥した大地がどこまでも続いていた。イメージ通りのアフリカの景色に、とうとう来たと胸が高鳴り、同時にアフリカの空気も日本の空気と同じにおいがして、同じように風が吹き空と太陽があるんだなと、当たり前のことも感じていた。これから半年間、この国のどこかで、まだ知らぬ人たちと暮らし、たった一人で調査をする。これから始まる想像を超えた生活に実感が湧かず、他人事のように感じていたことを覚えている。

研究対象は「シロアリ塚」。テーマにも辿り着かないキーワードだけを携えて私は初めてのアフリカに降り立ち、初めての調査をする、という状況を迎えていた。なぜ、こんな状況になったかというと、アフリカに行く手段として大学院への進学を決め、大学院試験のためにひとまず「シロアリ塚」という研究対象をひねり出したためだ。大学で地球科学専攻に在籍していた私は、水文学の授業で論文を読んで内容を発表する機会に、「タンザニア中部におけるシロアリの水文地形学的役割」[1]という論文を選んだ。この論文を選んだ理由は、まず、水文学に沿った〝地下水涵養〟をテーマにしたものであったこと、そして単純に舞台がアフリカであることに惹かれたためだった。何のきっかけもなかったように思うし、準備をしていたわけでもなかったが、私は小さいころから自分はいつかアフリカに行くと決めていた。そのためか調査地がアフリカのタンザニアであるこの論文が目に留まった。さらに、少しだけもっともらしい理由を付け加えるとすれば、私は大学では、地形学・水文学・地質学・気象学といった地球そのものを対象とする専攻に所属していたものの、物質的な環境そのものだけではなく、生物と環境が関わるその接点におもしろさを感じていた。そのため、「生物の作る地形」というシンポジウムの一環として書かれたその論文に興味を持った。今思えば「生物と環境の相互関係」というのは、まさに生態学の視点だとわかるが、それまでろくに勉強もしてこなかった大学生の私には、それに気づく知識も機会もなかった。

この論文は、シロアリ塚が分布する地域では、シロアリが地中に巣穴を形成すること、つまり地中に水を通すトンネルのような構造が多数形成されることで、地下水涵養量が増加するのではないかという仮説に立ち、東アフリカのタンザニアで現地調査を行ったものだった。この論文によると、シロアリ塚の多く分布する地域では地下水の涵養量が増加するものの、それがシロアリによって引き起こされているのかはよくわからない、という結論だった。そこで、同じ地域で行われた水文学や地形学の研究をいくつか追加で読んでみた。だが結局、シロアリ塚と水の関係についてはよくわからなかった。よくわからなかったものの、知りたいことを芋づる式に調べていく作業がおもしろく、大学時代、課題は必要最低限の努力で乗り切っていた私には珍しく、課題の範囲を超えて自主的に調べることまでした。そして、この世界には研究すべき課題がまだまだあり、私のような不勉強な学生でも見つけられ、取り組めることを知り、ぼんやりとではあるが研究っておもしろそうだなと思ったことを覚えている。そして、その後の大学院入試まで、新たなテーマを探す時間もなかったので、ここで見つけた〝シロアリ塚と水〟を大学院でやりたいテーマとして入試の面接で使った。研究を始めた動機も、研究対象を見つけた経緯も、あまりに不純で恥ずかしいが、事実なので仕方ない。まさか、入試のためにひとまず探し出したこの「シロアリ塚」が博士論文までつながるとは、その時はこれっぽっちも考えていなかった。

運よく大学院に入学できたものの、それからが大変だった。まずは、当たり前だが、実際にアフリカへ行き、研究をする計画を立てなくてはいけない。入学した大学院は博士一貫課程であったこともあり、修士論文を必ずしも二年で書き終える必要はなかった。だが、私の指導教員の元では、教員が代表を務める科学研究費プロジェクト（通称〝科研〟）の夏の調査に同行して調査地を探し、そのまま現地に残って一人で調査を行い、その一度の調査で得たデータをもとに修士論文を書き、修士課程を二年で終わらせることが強制ではないものの緩やかなルールになっていた。そのため、私も入学と同時に、その夏にはアフリカへ行くことがほぼ自動的に決まっていた。ということは、三か月ほどの間に、行き当たりばったりで決めた研究テーマをきちんとした計画に仕上げ、アフリカへの渡航日や期間、調査地を決め、調査道具を含めてアフリカでの調査の準備をしなくてはいけない。初めてのアフリカ。初めての調査。渡航日は着々と迫り気は焦るが、何をすればいいのか、全くわからない。

まずは研究計画を立てないことには、調査地も決められない。研究テーマによっては、それだけである程度、国や地域を絞れる場合もある。例えば、チンパンジーであればアフリカ中部の熱帯林と決まるし、ブッシュマン（南部アフリカに暮らす狩猟採集民）であれば南部アフリカの中でいくつかの地域が候補に挙がる。だが、シロアリにこの手は使えなかった。熱帯地域に広く分布するシロアリは、アフリカではほぼどこにでもいる。シロアリ塚が多く分布している地域に絞っても、アフリカの比較的乾燥した地域、つまりアフリカの西部でも東部でも南部でも該当してしまい、国も地域も絞れない。けれども、アフリカへの渡航が日一日と迫る中で、新たなテーマを探す時間も「シロアリ塚」のテーマを深める時間もなく、結局、指導教員の調査に同行して調査地を探すことになった。

こうして決まった調査国は、アフリカ南西部に位置するナミビア共和国。渡航日は、科研メンバーの先生方が休暇になる七月下旬。滞在期間は翌年二月までの約半年間と決まった。滞在期間は自分で好きに決めていいが、二年で修士論文を書かなくてはいけないことや、物理的に遠いアフリカに何度も通うことは難しいこと、南半球にあたるナミビアの雨季等々を考えあわせ、翌年二月までと決めた。渡航日程と調査国は決まったものの進まない研究計画と向き合いつつ、大量の予防接種を受けたり、調査道具を準備したり、その一方で、次はいつ会えるか定かでない大学院で出会った新たな仲間たちと友好を深めたりしている間にあっという間に渡航日を迎えた。こうして入学から三か月後の七月末、私はキーワードの「シロアリ塚」だけを携えてナミビアに飛んだ。

〝自分の村〟を探す

まずはじめに、これから半年間、腰を落ち着けて調査をする場所を探さなくてはいけない。それに、指導教員が帰国するまでの約一か月の間にやらなければいけないことは、調査地を探す以外にもたくさんあった。二〇〇六年の夏、ナミビアへ渡航したのは科研メンバーの先生方五名と私を含めた大学院生三名の総勢八名であった。二台のランドクルーザーに分乗し、ナミビア中を走り回る。ナミビアに着いて最初の数週間は科研メンバーの先生たちがナミブ砂漠で行う調査の準備、調査地までの数百キロメートルの移動、実際の調査と飛ぶように過ぎていった。科研の調査が終わると、次の任務は、前々年からナミビアで調査を始めていた先輩を北西部の調査村まで送り届けること。先輩の村は一番近い町から一〇〇キロメートル以上も離れた僻地の村で、季節河川（年に数日水が流れる河川）沿いにアフリカゾウやキリンなどの野生動物とともに〝ヒンバ〟と呼ばれる牧畜民（次項参照）の人たちが細々と暮らしていた。村に着くと、前々年に続き二回目の訪問となった先輩は、どこから現れたのかと驚くほど大勢の村人に瞬く間に囲まれて、もみくちゃの歓迎を受け、私たちの理解できない言葉で再会を喜んでいる。「アフリカのどこかの村で一人で調査をする」という想像もつかなかったことが、ようやく現実のこととして認識できた瞬間だった。この時、私も私だけのこんな場所に出会いたい！と強く思ったことを覚えている。

先輩の調査地へ行く道中も、私と同期の友人の調査地探しは続いていたが、先輩を無事に送り届け、とうとう残すは私たちの調査地探しのみになった。私は調査地の候補として北西部のクネネ州に狙いをつけていた。ナミビアで〝黒人たち〟が暮らす共有地は北部に多く（コラム1）、村に滞在するためには共有地で調査地を探す必要がある。さらにその中でも、これまで先輩たちが調査をしていない場所を探していた。とはいっても、これまでナミビアで調査をしてきた先輩は、先の先輩を含めてわずか三人。ナミビア北中部のオバンボランドとナミブ砂漠周辺を除いて、ほとんどの地域が〝調査空白地帯〟だった。加えて、ナミビアの国土は日本の約二・二倍、クネネ州だけでも北海道の一・四倍ほどの広さがある。その広大な地域の中から、良さそうな村を一つ探す。

良さそうな村の条件は、一にも二にもまずシロアリ塚があること。だが、この条件はナミビア全土ほぼどこでもクリアしている。ナミビアに着いて初めて実物を見たシロアリ塚だったが、はじめの数週間ですでに多くのシロアリ塚を見ていた。今後こんなにナミビア中を広域に見られる機会もないだろうと思い、道中、カウンターを片手に車のメーターを見ながら、車窓から見えるシロアリ塚の数を記録していた。車のメーターとシロアリ塚の個数を同時に記録することで、大まかにではあるが、地域によるシロアリ塚の分布密度の違いを知ろうとしたのだ。きちんと記録が残っている分だけでも、走行距離二五〇〇キロメートルの中で五五〇〇個のシロアリ塚をカウントした。走破したナミビア中部から北部にかけて、シロアリ塚は海岸沿いの極度に乾燥した地域を除いて、密度

傘を差したシロアリ塚

の差はあるものの広く分布していた。時に五メートルを超える高さのシロアリ塚は、低木たちの頭上に突き出しそびえ立っている。そんなシロアリ塚の姿は注意して見ていなくても目に入る。大きさに加えて目を引いたのは、その多くに木が生えていたことだった。赤土の巨大なシロアリ塚が緑色の傘を差しているようだ。渡航前に調べた文献などでも、こんな風に木が突き刺さったようなシロアリ塚の姿は目にしたことがなく、とても印象に残った。

さて、良さそうな村の条件だが、最低限、シロアリ塚があることを除いて、これといった明確な条件はない。通りすがりでぱっと見ただけで判断するのは難しいが、直感に頼るしかない。とはいっても、少なくともこれから半年間、自分が暮らし研究をする場になるので、適当には決められない。私が所属していた京都大学アジア・アフリカ地域研究研究科（のアフリカ地域研究専攻）は、多少大げさにいうと「アフリカで調査をすること」以外、どこを調査地とするかも何をテーマとするかも自由だった。文化人類学・生態人類学・霊長類学・地理学・経済学・言語学など専門分野もバラバラ、もちろんテーマも千差万別の仲間たちの中、唯一の共通点は、みんな〝自分の村（や町）〟があることだ。先輩たちもみな、「私の村では……」「うちの村の誰々が……」とまるで自分の故郷や家族の話をするかのように〝自分の村〟を語る。それぞれに苦労はありながらも、みんな自分の村のこと、村人のことをとても愛している。私もそんな〝自分の村〟に妄想を膨らませながら、教員が運転する車で、来る日も来る日も数百キロメートルの道のりを走った。クネネ州北部の五万分の一地形図を手に、地図上のゴマ粒ほどの住居記号を頼りに、村を訪ね歩いた。良いところを見つけたいのは山々だが、時間も限られている。なかなかピンとくる村が見つけられない中、焦りとともに時間だけが過ぎていった。

トントン、泊めてくださいな

毎日数百キロメートル、調査地を探しながら移動する生活を続けていたある日、私たちの車はアンゴラとの国境に程近いナミビア北西部のダートロード（砂利道）を走っていた。この辺りには牧畜民であるヘレロやヒンバの人びとが住んでいる。ヒンバは世界一美しい民族ともいわれ、特に、頭のてっぺんから足の先まで真っ赤な女性たちが目を引く。彼女らは、オークルと呼ばれる赤土に、家

街の中心には大きなショッピングモールや土産屋、服屋などが並び（左）、
郊外のカトゥトゥラにはトタン屋根の小屋や露店が並ぶ（右）。

も首都に暮らす多くの「アフリカ人」たちの居住区であり、中産階級の「アフリカ人」たちの立派な家を含めて、トタン屋根の小屋や露店が並ぶ。

地方でも同様の構造が見られる。ナミビアでは各地をつなぐ幹線道路が国中に張り巡らされている。中・南部ではその道路の両脇に、白人所有の大規模農場を取り囲む柵が延々と続く。平均5000〜1万ヘクタールといわれる白人農場は、ナミビアの地図の上に県名のごとく所有者の名前が書き込まれている。白人農場では、商業農場として主に輸出用の家畜が飼養され、灌漑を用いた農作物栽培も行われている。一方、非白人の人びとは現在でも、かつてのホームランドに大まかに民族ごとに居住している。ホームランドは、現在はその名前を変え、コミュナルランド（共有地）と呼ばれている。

Column 1

ナミビアの土地区分

他のアフリカ諸国と同様に、ナミビアは長い間、他国による植民地支配や統治を経験してきた。1884年から30年間にわたりドイツの植民地になり、第一次世界大戦後からは南アフリカによる統治下におかれた。多くのアフリカ諸国が独立を果たした1960年以降も、ナミビアにおける南アフリカの統治は続き、1990年にようやく独立を果たした。ドイツの植民地期に、ナミビアの中・南部の大部分の土地は、白人農場としてドイツ人入植者の手に渡った。南アフリカの統治下では、アパルトヘイト政策が推し進められ、各都市や郊外の土地は人種、エスニックグループごとに居住区が分けられた。ドイツの植民地期に、白人農場にならなかった約40%の国土(北部と南部の一部)は、非白人の土地として、さらに10個のホームランドに分割され、各エスニックグループに割り当てられた。

これらの政策は、ナミビアが独立した1990年には撤廃されたが、30年以上経った今でも統治時代の土地区分の名残は色濃く残っている。首都ウィントフックもその一例である。首都の中心部には、さながら小ヨーロッパとでもいえそうな、綺麗な街並みが広がり、街の周りにはプール付きの高級住宅街が見られる。一方、中心部から少し離れた地域には、旧アフリカ人居住地として設定されたカトゥトゥラと呼ばれる地域がある。現在で

中央がヒンバ、左右の二人はゼンバの男性。ヒンバ男性は、ちょんまげ頭に帽子のようなものを被っている。ヒンバの女性、男性、子どもたちの髪型や装飾品の種類や付け方は年齢や社会的な立場によって変わる。

畜である牛の乳から作ったバターと香料を混ぜたクリームを全身に塗っている。上半身は裸で、頭・首・足首には革や金属の装飾品、腰にはぺらりと布を下げている。男性はちょんまげ頭に、大きな首飾り、すらりと背の高い躰に同じく腰布を巻いている。対して、ヘレロの女性は足首まで届く長く裾の膨らんだ〝ヘレロドレス〟を着て（次節参照）、頭には牛の角を模った帽子を被る。車窓には、杖を手に牛たちとともにゆったりと歩くヒンバ男性。道端ではカラフルなドレスのヘレロ女性と上半身裸のヒンバ女性が井戸端会議。町のスーパーに立ち寄れば、全身真っ赤なヒンバ女性たちが、赤ちゃんを小脇に抱えて買い物中。異世界に迷い込んだような光景に目も心も奪われる。

そんな光景の中を走っていた時、私たちは一度通り過ぎた小さな脇道が気になり、引き返した。指導教員や先輩のアドバイスもあり、街に近い村や幹線道路沿いの村は避け、少し奥まった場所にある村を探していた。ただでさえ、黒人の中に入ると肌の白い（ここでは日本人である私も〝白人〟と呼ばれる）私は目立つ。安全面を考慮すると、むやみに多くの人の目に触れることは避けたいという配慮だ。そのため、幹線道路脇から木立の中へ続く小道に目を凝らし、見つけた小道に片っ端から入っていくということを繰り返していた。その日も、一つの脇道（車の轍がついただけの凸凹の道）を通り過ぎたことに気づき、戻ったのだ。小道を一〇分ほど辿ると、ぽつぽつと小さな住居が現れ始め、そこに小さな村があった。村といっても、小屋は数百メートル間隔で点在するのみで、人の気配はほとんどない。私たちは静かな村の中で、人の姿を探しだし、車を降りて彼らに話しかけてみた。

「モロ！」

「ン〜モロ」

私たちが唯一知っている挨拶の言葉。挨拶を返してはくれるものの、反応が良くない。睨むような顔でこちらを眺め、ニコリともしない。とりあえず、自分たちがどこから来て、どういうことがしたくて、できればこのあたりに住みたいということを英語で話してみる。この時は、「あなたたちの言葉や文化を学びたい」というようなことを言ったと記憶している。突然、「シロアリ塚」について調べたいなんてマニアックすぎると思ったこともあるが、そもそも〝シロアリ〟の現地語を知らない。英語でシロアリはtermiteだが、（私たちの発音が悪いせいもあるが）首都ですら一般の人たちには伝わらなかったので、ここでもtermiteの説明は控えておいた。もう十分に、何をしに来たのかわからない怪しい人たちと見られていることは自覚していた。一通り状況を説明した私たちへの村人たちの反応は、無。突然ここに住みたいなんて言われたら、そりゃそうだと思ったら、それ以前に英語が通じていなかった。少し英語のわかる青年が連れて来られ、彼を通して少しずつ話をしていく。次第に話が通じてくると、はじめの怪訝な顔が徐々に和らぎ、それならここに住めばいいと言う。なんとなくここはいいかもしれないと感じていた私は、彼ら・彼女らにこの村のことを少し聞いてみた。

「あなたはヘレロ?」

「そうだよ」

実際はヘレロではなく〝ゼンバ〟という人たちだったのだが。

「水はどうしているの?」

「あの山のふもとにウォーターホール(水場のこと)があるよ。ほら、あそこだよ。大きな木が見えるだろ?」

彼らの目には二キロメートルほど先の水場に生えている木が、はっきりと見えるようだが、もちろん、私には何も見えない。

「畑はあるの?」

「うん、あっちにあるよ」

先輩から、ナミビアの中でも特に乾燥した地域にあたるクネネ州では、想像を絶するほど食事が〝質素〟であることを聞いていた。そのため、畑があれば食料も比較的安定しているのではないかと期待し（これはかなり甘い予想であることが後々わかる）、畑の有無を聞いてみたのだ。加えて、事前に読んだ文献で、シロアリ塚を農業に利用する例があったため、あわよくばそんな事例も見られるかもしれない。ここに来るまでに訪れた村の中には、「ぜひ、ここで調査しなさい」と積極的なところもあった。だが、同時に「お金はいくら払うのか？」と早速金銭の要求が始まったりして、何だかしっくりこなかった（もちろん、滞在することになった村では、金銭や物品の形でお礼をしている）。その点、辿り着いたこの村の人たちは、積極的でないばかりか、むしろ素っ気ないというか、住むなら住めば、といった感じで、その雰囲気が私は気に入った。シロアリ塚は、今、村の人たちと話しているその目の前にもある。よし、ここにしよう！

その日はいったん、町まで退散し、村の人たちへのお土産や村で必要な日用品を買い込んだり、調査計画を指導教員と詰めたりして、最後の準備を整えた。数日後、再び村まで送ってもらい、一人車から降りる。いよいよ一人。言葉は通じない。携帯も通じない。翌年二月までの約六か月間、ここで調査をする。こうして大学院の修士一年生だった私は、ナミビア北西部クネネ州の北部に位置するオンバズ村で生活を始めた。

2 〃最果ての地〃の先の村

赤土の丘陵地

ナミビア北西部を車で走っていると、視界には赤茶けたなだらかな丘陵地が広がり、そこに背丈ほどの樹木が点在する光景が続く。草本もほとんど生育しておらず、木々が葉を落とす乾季には、荒涼とした大地という印象を受ける。オンバズ村は、ナミビア北西部、クネネ州の北部に位置している。クネネ州の州都であるオプウォは、ヘレロ語で〃終わり〃を意味し、その名の通り、最果ての地とされるような小さな町だ。乾燥した埃っぽいメインロードの両側に商店や住宅がぽつぽつと並び、町を見下ろす高台には一軒の高級ロッジが建つ。メインロードはオプウォからさらに北に、アンゴラ国境まで伸びる幹線道路へと続く。オプウォの町を通り抜け、その道を北上すると、道端にはぽつぽつと大地と同じ赤い色をしたかわいらしい小屋が出現する。腰をかがめないと入れないほどの大きさのヒンバの人たちの住居だ。オプウォから四〇キロメートルほどその道を辿ると、大きく左にカーブした道の脇に背の高いモパネの木がある。そのモパネの脇から車の轍が木立の中に続いている。この脇道を二キロメートルほど進んだ先にオンバズ村はある。

オンバズ村は、海岸部から二〇〇キロメートルほど内陸に位置し、周辺には起伏の多い標高一二

牧畜民であるヒンバの人たちは季節ごとに移動しながら暮らしている。

○○～一四○○メートルの丘陵地が広がる。人びとの住居や農地は、赤っぽい砂（Chromic Cambisols）[2]に覆われた緩やかな傾斜地に立地している。対して、住居エリアの北側には、人びとがオンドゥンドゥ（山という意味）と呼ぶ急傾斜地がある。赤茶けた埃っぽい住居周辺とは対照的に、オンドゥンドゥでは、黒っぽい基盤岩が露出し、大きな礫がゴロゴロと転がっている。先がナイフのように細く侵食された奇岩があり、そこに開いた穴の一つはチーターの巣穴だと子どもたちが教えてくれた。この傾斜の異なる二つの斜面の境界部に湧水があり、これがオンバズ村の唯一の水源である。私が初めてオンバズ村を訪れた際、説明を受けたウォーターホールがこの湧水で、村の人びとや家畜はここで水を得る。

少し専門的な説明になるが、このオンバズ村

オンバズ村北部の"山"には人びとの住居周辺とは全く違う風景が広がっている。

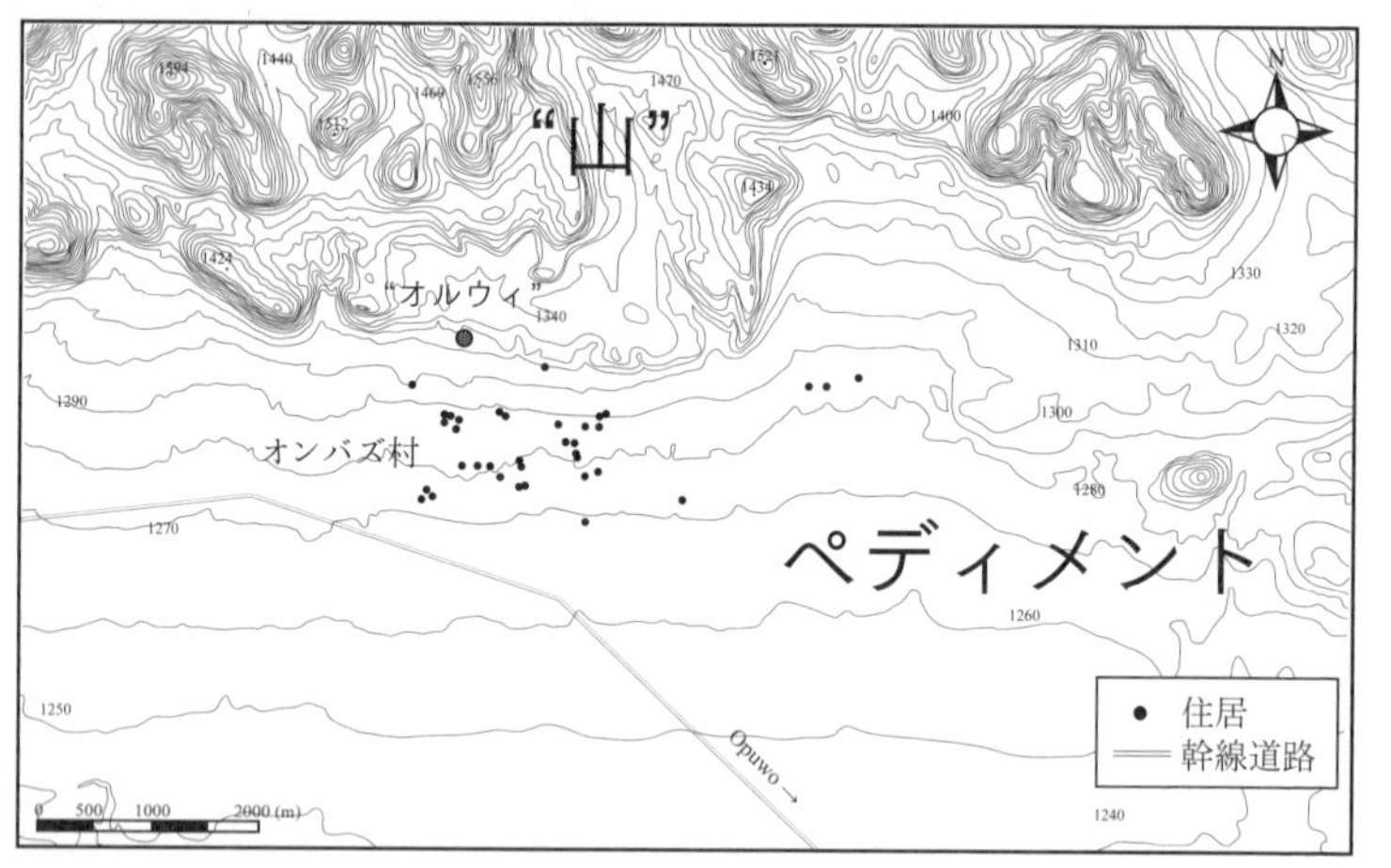

図1　オンバズ村周辺の地形

周辺の地形は、乾燥地に特有の地形で、乾燥地域の山地に見られる侵食平坦面（ペディメント）とその背後の急傾斜地にあたる。乾燥地では、植生が乏しいため土壌層があまり発達せず、降雨時に発生する洪水は地表をシート状に流れる。シート状の水の流れは斜面の上部や下部の堆積物を面的に押し流すため、斜面は傾斜を変えずに後退していく[3]。このような乾燥地特有の斜面発達過程によって、明瞭な傾斜変換点を挟んで傾斜の異なる二つの斜面が形成される。オンバズ村ではこの二つの斜面が明確に区別され、ペディメントには住居や農地が作られ、ペディメント背後の急傾斜地（以下では、〝山〟と表記する）では放牧や採集活動などが行われる（図1）。

大陸の割れ目に立つ村

オンバズ村周辺に見られる丘陵地は、南部アフリカの大陸の縁をなぞるようにアンゴラからナミビア、南アフリカへと続いている。ナミビアの自然環境は数億年にわたる地殻変動の痕跡を色濃く残しており、この丘陵地もその一つだ。約三億～二億年前、地球上の大陸は一か所に集まり、パンゲアという超大陸を形成していた。パンゲア大陸は、北部がローラシア大陸、南部がゴンドワナ大陸と名付けられ、後にアフリカ大陸となる部分はゴンドワナ大陸の中心部を構成していた。約二億年前、地球内部から上昇してきたマグマによってゴンドワナ大陸は分裂を始め、南アメリカ・アフリカ・マダガスカル・南極・オーストラリアへと分かれていった。

ゴンドワナ大陸分裂の際、地下からのマグマは現在のアフリカ大陸南部に集中的に上昇し、大陸

グレートエスカープメント

崖の上から海岸方向を見下ろす。

を持ち上げ切り裂いていった。そのため、アフリカ南部は標高一〇〇〇メートル以上の高地になり、特に、大陸が分裂していった割れ目周辺には、地下から大量のマグマが貫入して高まりが作られた。この大陸周縁部の高まりは、南部アフリカを取り囲む高低差一〇〇〇メートルを超える大規模な崖地形（グレートエスカープメント）として残っている。大陸分裂に伴って形成された断層崖は、侵食を受けて徐々に後退し、現在グレートエスカープメントは海岸部から一〇〇キロメートルほど内陸に位置している。オンバズ村は、このグレートエスカープメントの上、まさに二億年前の大陸の割れ目に立っている。

蝶の木の村

オンバズ村で人びとが暮らすペディメントには、背の低いモパネが疎らに生育する単調な景観が広がる。一方、背後の〝山〟にはモパネに加えて、ペディメントには見られない多くの樹種が生育し、雨季には色とりどりの花を咲かせる。モパネ（*Colophospermum mopane*）は、アフリカ大陸の南緯一五〜二〇度付近にのみ生育するマメ科ジャケツイバラ亜科の樹木で、その分布域はモパネ植生帯と呼ばれる。モパネは乾季の終わりまで枯れた葉を残す半落葉樹で、雨季に薄い緑色の小さな花を咲かせ、その後、薄っぺらい五センチメートルほどの半月状の実をつける。二枚の小葉を持つモパネの葉が蝶のように見えることから、「蝶の木（Butterfly tree）」とも呼ばれる。オンバズ村の人たちはモパネを〝オムンプク〟と呼び、建材や薪、〝オマウング〟（モパネワーム、4章第4節参照）を得る木など、さまざまな形で利用している。

クネネ州はモパネ植生帯の中でも最も乾燥した地域にあたり、低木のモパネが優占するモパネシュラブランド（Mopane shrubland）が広がる。オンバズ村で植生調査をしたところ、ペディメントでは一ヘクタールあたり約七六〇本の樹木が出現し、モパネがその七五％以上を占めていた。モパネ以外の樹種は数種しか出現せず、低木・複幹型のモパネが圧倒的に優占する典型的なモパネシュラブランドの景観といえる。対して、〝山〟では一ヘクタールあたり約一二七〇本の樹木が出現した。モパネの割合は二二％程度に留まり、モパネ以外に二〇種以上の樹種が見られた。多くの植物が見

樹高2〜3m程度の低木モパネが疎らに生育している。植生は疎らだが、視界は利かない。

モパネの葉は2枚の小葉からなる。

られる〝山〟は、村人の植物採集や家畜の放牧などに利用されるほか、雨季には新緑や一斉に咲く花を楽しむ高台にもなる。私も何度か〝山〟にお花見に出掛けたことがある。毎晩、私が星空を見上げていたり、雲をぼんやり見ていたりすると、「またチサトが空なんか見ている」と笑われていたので、村の人たちは景色を眺めるということをしないと思っていた。だが、雨季のはじめのある日、村の家族に誘われて〝山〟に出掛けると、〝山〟の高台でみな思い思いの場所に腰掛け、何をするでもなく、眼下の新緑や色とりどりの花を眺めて帰宅したので驚いた。

モパネは年降水量一〇〇ミリメートル以下から一〇〇〇ミリメートルを超える地域にまで広く分布する。国でいうと、西はナミビア、東はジンバブウェ、南は南アフリカまで、南部アフリカの九か国に見られ、地域によってその樹形やモパネ以外の出現樹種が大きく異なる。[4][5] この植生構造の違いから、モパネ植生帯の西側をモパネシュラブランド（またはモパネサバンナ）、東側をモパネウッドランドと呼ぶことがある。[6] モパネシュラブランドは、ナミビア西部からアンゴラ南部にかけて広がり、複数の幹をもつ灌木状の背の低いモパネが生育する。一方、モパネウッドランドは、ナミビア東部からザンビア、マラウィ、ボツワナ、ジンバブウェ、南アフリカ北部に広がり、単幹でより高木のモパネが疎らに生育している。

ナミビア国内で見ると、北西部に分布するモパネは、東進するとナミビア北中部で一度姿を消し、カプリビ回廊の先で再び姿を現す（図2）。モパネの分布は気温や土壌などによって規定され、特にナミビアにおけるモパネの分布は霜の発生が年間五日以下の地域に限られることが指摘されている。[7]

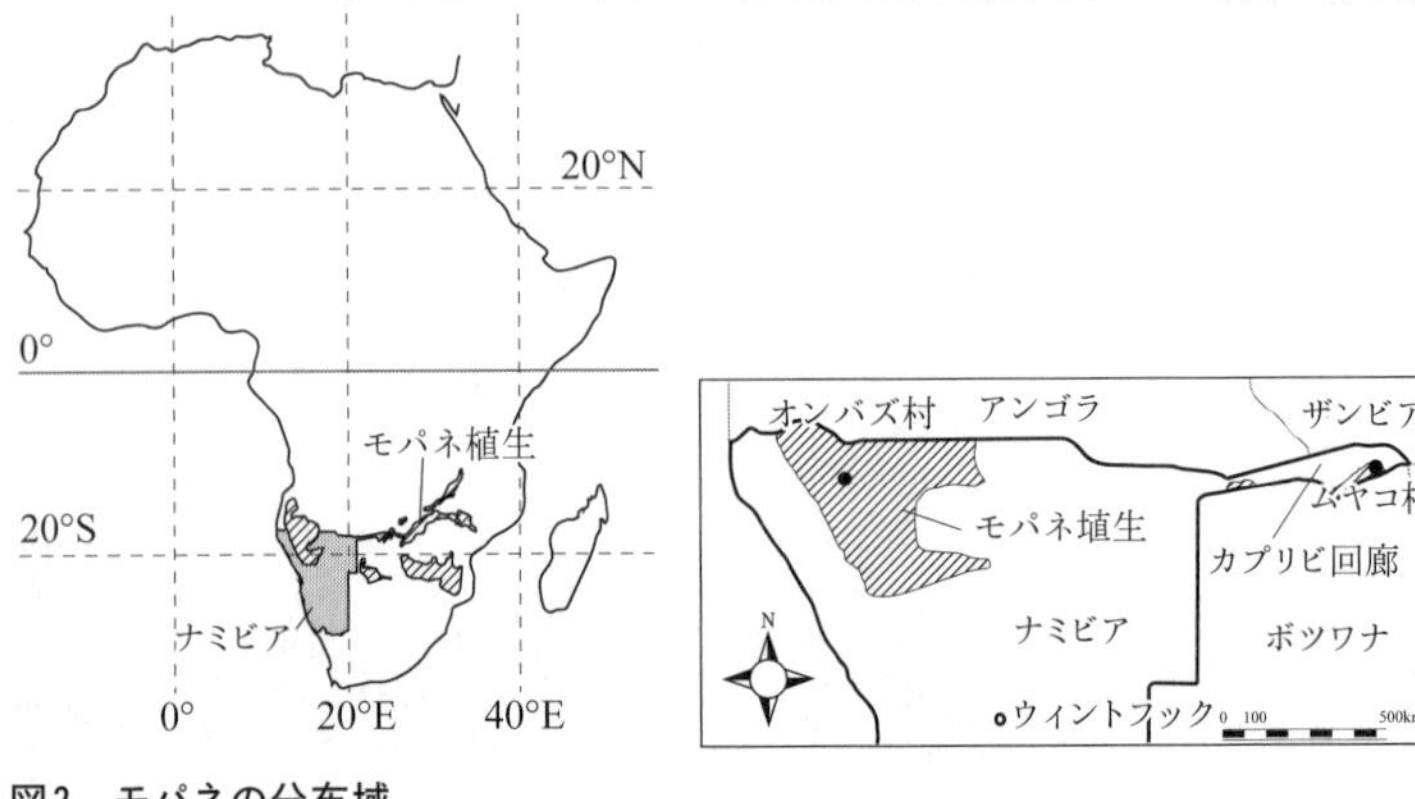

図2　モパネの分布域

モパネはアフリカ大陸の南緯20°付近にのみ分布している。

低緯度に位置するナミビアは、多くの人がイメージする通り暑い国だが、乾燥地であるこの地域では、特に夜間、放射冷却（地球が熱を放出して冷えていく現象。地球から放出される熱の一部は、上空の雲に吸収されて地表に戻るが、雲がない場合はそのまま宇宙空間に放出される。雲が発生しにくい乾燥地では放射冷却が強く働き、夜間地表付近は冷える）によって大地は冷やされるため、季節によっては霜が降りることもあるのだ。本書の舞台となる二つの地域はいずれもモパネ植生帯に位置しているが、ナミビアの北西部のオンバズ村はモパネシュラブランド、北東部のムヤコ村はモパネウッドランドにあたる。両地域ともモパネが優占するものの、植生構造は大きく異なる。

オンバズ村に暮らす人びと

ナミビアは他の多くのアフリカ諸国と同様に多民族国家である。言語で見ると、公用語である英語のほか

Column 2

〝サバンナっぽくない〟モパネ植生

モパネ植生帯はより広い植生タイプで見るとサバンナに含まれる。サバンナは木本と草本が共存することを一つの特徴とし、木の疎らな草原（wooded grassland）から乾燥林（dry forest）まで多様な植生景観を含む。サバンナにおいて木本と草本の共存がどのように成り立つか、というのはこれまで多くの研究が積み重ねられてきた一大テーマである。2005年にはアフリカ大陸の854サイトのデータを使って、両者が共存する要因が解析され、以下の結果が導き出された。年降水量が650 mm以下の地域では、少雨によって木本の生育が制限されるため、安定的な両者の共存が可能である。一方で、年間650 mm以上という降水量は、木本が樹冠を形成するのに十分であり、野火や草食動物による採食といった攪乱が両者の共存を維持している。[8]

モパネ植生帯は、年降水量650 mm以下の地域にも分布するが、全域で草本を含む下層植生が非常に少ないという特徴を持つ。つまり、モパネ植生帯はサバンナに含まれるものの、サバンナっぽくない。この要因として、モパネの根の分布特性が指摘されている。モパネは地中の浅い範囲に広く根を張るため、同じ範囲に根を伸ばす草本の生育を抑制する。モパネ植生帯では、モパネ1種が圧倒的に優占するという傾向が見られるが、これもこのような根の分布特性が関係しているようだ。[9]

に、話されている言語は方言を含めて、二四[2]とも三〇[10]ともいわれる。北西部のクネネ州には、ヘレロ語系の人びとが多く居住している。ヘレロ系の人びとは、一六世紀にアフリカ中南部からアンゴラを経て、ナミビアに移動してきたバントゥー系の牧畜民であり、さらに移住の歴史、家畜の有無、生業の違いなどによっていくつかのグループに分けられる。大まかには、一八世紀にナミビア中部へ移動した人びとがヘレロ、ナミビア北部に残った人びとがヒンバ、ナミビア東部やボツワナに移動した人びとがンバンデルと呼ばれ、そのほかにもいくつかの少人数のグループが含まれる場合がある。

村一番の“豪邸”。屋根全面にトタンが張られ、幹線道路から電気も引かれ、住居の背後には車もある。

オンバズ村には、ヘレロ、ヒンバに加えて、ゼンバ、ハカオナと呼ばれる人びとが暮らしている。ヘレロの女性は、ヘレロドレスと呼ばれるビクトリア調のドレスを身に着けている。植民地期の宗主国の女性のドレスを模したものといわれ、スカートを何重にも重ね履きし、裾を膨らませている。格好のせいもあるかもしれないが、ヘレロは男性・女性問わず、恰幅がよく、お金持ちの場合が多いという印象がある。オンバズ村でも電気の通っている家はヘレロの家だけだし、中には車やテレビを持つ人さえいた。ヒンバはヘレロとは対照的に半裸で、女性は全身真っ赤だ。女性も男性も全体的に細身ですらりと背が高く、とにかくかっこいい。ヒンバの人びとは、ドーム型の簡易な住居に住み、放牧のため定期的に移動しながら暮らす。オンバズ村でも訪れるたびにヒンバの顔ぶれは変わる。

ゼンバの人たちがどのような歴史を辿ってきたのかについて、あまり情報はない。限られた文献資料には、ゼンバはヘレロ系の人びとと非常に近い人びとであること、ヘレロ系の人びととともにアンゴラのZimbaという場所からナミビアへ移住してきたこと、集団の中でゼンバの呪術的な知識や呪術医としての役割が求められていたことが記されている。[11] ハカオナの人びとについてもあまり情報はなく、ゼンバと同様に呪術的な役割をもってこの地域に入ってきたとされる。ゼンバとハカオナの女性や子どもは、カラフルなビーズの髪飾りや首飾りに、腰布を纏う。ハカオナの人びとはさらに、頭に大きな羽飾りをつけ、馬に乗っている。この辺りで馬に乗るのはハカオナだけである。特別な風貌に加えて、彼らの

ゼンバの子ども

普段は裸に腰布を巻いているだけだが、儀式の時はこんな正装をする。

物静かな様子は村の中でも独特の存在感を放ち、ハカオナが登場すると、場がパッと華やぐと同時に空気がピリリと引き締まる。

村で生活を始める

最果ての地のさらにその先のオンバズ村で、ゼンバの家族宅に居候しながらの生活が始まった。夢の中にいるようだった最初の晩とは打って変わり、村で初めての朝を迎えると、言葉も通じず、電気も水道もなく、携帯電話も通じないところに一人であることを実感した。ここがどういう場所なのかまだよくわからないが、何はともあれ、これから半年間はここに留まり、調査をする以外に選択肢はない。少なくとも二〇〇六年、オンバズ村で調査を始めた当初の私にとって、首都から一〇〇〇キロメートル近く離れたこの場所から抜け出すことは、ほぼ不可能に思えた。最寄りのオプウォの町でさえ、まず三〇分ほど歩いて幹線道路まで出て、そこで一日に数台しか通らない車を少なくとも数時間待ち、自力でヒッチハイクしなければ辿り着けない。携帯電話の電波だって、村はずれにある半径数メートルほどのスポットで、手を高く掲げてかろうじて弱い電波を拾えるかどうか。ひとまずは、ここを出るなんて考えは頭から追い出し、先輩が迎えに来る翌年二月まで、できることなら楽しく暮らしながらも何とかデータを取らなくてはいけない。その一方で、調査地が決まるかなと不安だった日々が終わった安堵感に加え、もう本当に頼る人はいないという状況になったためか、その時の私は妙に落ち着いていた。一つずついろんなことを進めていこうと、周りにいる人たちに改めて向き合った。

そうはいっても、想像もつかなかった生活が実際に始まると、それは予想していたよりもはるかに大変だった。はじめに村を訪れた際、教員が私の寝る家はあるか、食事も一緒にさせてもらえるかを交渉してくれ、ひとまず、家はあるらしいことと、毎日ご飯を作ってもらう代わりに食事代として定期的にいくらかを支払う、ということで話をつけていた。だが、蓋を開けてみると……。まず、家がない。屋根が飛び、壁もボロボロに剥げた小屋があるにはあったが、すぐに寝られる状況ではなく、数日はお母さんの小屋でお母さんと一〇人以上の子どもたちの隙間に体をねじ込んで眠った。だが、一日中開け放しのお母さんの小屋は、大荷物の私には不用心だということで、そのあるにはあったボロ小屋に、これまたボロボロのシートを張り合わせて、ひとまず穴をふさぎ（後述するが、この小屋はこれから何年もかけて補修していくことになる）、〃チサトの小屋〃として使うことになった。

〃チサトの小屋〃といっても、私一人が使うわけではない。居候先のゼンバ家族は、お父さんお母さんを中心に、三〇代から二歳までのお父さんお母さんの子どもたち、孫たち、甥・姪を含めて、総勢三〇名近い大家族で、夜にはその大人数が四〜五個の小屋に分かれて寝ていた。小さな子どもたちは毎晩お母さんと寝るが、小学生くらいになると、気分によって寝る小屋を変えたりもする。当然、〃チサトの小屋〃も子どもたちの寝場所の一つになる。小屋で寝るメンバーに加えて、人数も日によって大きく変わる。オンバズ村に学校はなく、平日学校に通う年齢の子どもたちは村にいない。

2006年11月、修復中の“チサトの小屋”。小屋は2009年1月に完成した。

小学校は一〇キロメートルほど離れた別の村、中学校・高校はオプウォにあるため、小学生たちは寄宿舎、中高生たちはオプウォにある〝みんなの家〟に寝泊まりし、週末だけ村に帰ってくる。そのため、平日は就学前の子どもたちが三〜四人、週末には学生組が加わり、賑やかに寝るのが日常になった。

食事については、ほぼ交渉の通り、毎日この家族とともに家族と同じものを食べた。何かの時に食べようと自分用の食べ物も少し荷物に入れてあったが、村に着いて早々に私の荷物は家族の前ですべて公開され、彼らが食べ物と見なしたものはすべて即座にみんなの胃袋に収まった。残ったのは梅干しと海苔くらい。村には小さな商店が一つあったが、二キロほど離れた場所にあることに加え、村人たちの溜まり場になっているその商店で、家族に内緒で買い物をすることなど不可能だ。家の食糧が尽きた時に、何度か家族とともにその商店で買い物をしたことはあるが、それ以外にそこで買い物をしたことはない。

毎日ご飯を食べさせてもらうというのは、私にとってはとてもお世話になっている感が強いのだが、村の人たちにとってはあまり大きなことではないように見えた。先述のように、子どもたちの人数は日によって違うが、作る量はあまり変わらない。食べる時は、就学前のちびっこたちで一グループ、学校に通う子どもたちで一グループ、大人の女性で一グループというように、何人かで一つのお皿を分け合って食べる。そのため、一人増えたから一人分多く作るといった具合ではない。ほぼ交渉通りと書いたのは、食事代を支払うという約束は最初の二〜三回のみで、それ以降はお父さんに「いらない」と断られるようになり、支払っていない。その代わり、用事があって町に出た時に必要なものを買ったり、二度目以降の渡航の際には、希望のお土産を日本から持って行ったりしている。いろいろ試した結果、思いがけず好評だったお土産は手拭いだった。大人の女性たちは頭に巻き、若い女の子たちは巻きスカートにして使っている。大人たちは顔をしかめるが、手拭いスカートからスラリと伸びる女の子たちの長い脚は実にかっこいい。ここでは女性が上半身裸でも恥ずかしくもふしだらでもないが、膝上を出すことは恥ずかしくふしだらなことなのだ。

インフラについても、日本に暮らしてきた私からみれば、ほとんど何もないといっていい。最も基本的な、電気、水道、ガスはない。村の中には電気を引いている家もあるが、幹線道路近くの数軒のみで、その数軒の人たちも、自分たちで電線と電柱（のような木）を調達し、道路に建つ電柱から、自力で家まで電気を引いている。幹線道路から少し離れている居候先の家族宅には、電気はもちろん、懐中電灯も一つあるかないか（あるにはあるのだが、電池がない時の方が多い）。さらに、村には水道はもちろん井戸もない。生活に使う水は、家から二キロほどの湧き水まで汲みに行く。往復一時間の道のりは、特に疲れている時などは非常にしんどい。だがその一方、一年中枯れることのない水源の存在は、とても心強い。このことには後にムヤコ村で調査を始めてから気づいた。ムヤコ村では村の数か所に大きな貯水槽があり、そこに地下から汲み上げた水を配水している。インフラとしては、オンバズ村よりも進んでいるといえるのだろうが、ポンプが故障したり、水を送る送水管が壊れたり、ポンプの電源を入れ忘れたり、はたまた他の人に先を越されて水がなくなっていたり、いろいろな理由で水が得られないことも多い。その点、オンバズ村では、多少遠いものの、湧き水に行けば必ずきれいな水が得られるので、とても大きな安心感がある。

ガスももちろんない。日々の食事は、薪を集め、竈に残った熾で火をつけ、調理する。マッチもあるが、大抵の場合は前回の調理時の熾が残っているため、マッチすらも使わない。生活に必要なものの多くは自然から得て、それらはまた自然に返っていく。私が町でお土産を買って帰った時だけ、お菓子の袋などのゴミが溢れるように出るので、嫌になってしまう。オンバズ村で生活を始めて、日本での私の暮らしは、自分の力では得る方法も直し方もどうやって出来る（または作られている）のかもわからない何と多くのものに支えられているのかと実感した。

小さな友だち

ラビキィ、七才、女の子。ナミビアに暮らす私の友だちだ。先に述べたように、私は二〇〇六年の八月、ナミビアで調査地を探し、数週間をかけて首都から一〇〇〇キロメートル近く離れた小さな村に辿り着いた。大きな車と外国人に興味津々の子どもたちが十数人、私たちを取り囲んだ。その輪の一番外側に兄弟の陰からじっとこちらを見ている子がいた。灰をかぶった真っ白なボサボサ髪で、腰に一枚の布を巻きつけただけのやせっぽっちの子。その子は、髪の先についたビーズを口にくわえ、腰に手を当ててにこりともせず、大きな目でただじっと私を見ていた。その大きく真っすぐな目に私は一瞬で惹きつけられ、調査地を決める大きな一歩になった。これが私と小さな友だちとの出会いだった。

はじめの一、二か月は言葉を覚えることや、生活に慣れることに必死で、とにかく

2006年出会った頃のラビキィ（当時7歳）。
写真を撮るのでTシャツを着た。

しんどかったということ以外、ほとんど記憶がない。食事や水に体が慣れるまでは、常にお腹が痛く、日々ブッシュに駆け込んでいた。オンバズ村には〝トイレ〟がなく、用を足すときは、人気のない茂み（＝ブッシュ）に潜り込む。そもそも人が少ないので、誰かのトイレ痕に出くわすなんてことはまずなく、不潔さは感じない。食事や水に加えて、気候にも体がついていかない。日本では部屋の湿度が四〇％や五〇％だと乾燥していると加湿器をつけるほどだが、乾燥したナミビアの湿度は桁違い。湿度数％という日が続く。この乾燥によって喉が経験したことのない痛みに襲われ、声が出なくなる。言葉も全くわからず、相手の言っていることもわからない。私の言いたいことも伝わらない。慣れない食事、気候、言葉、文化。すべてのことが初めてで、大変で、毎日心も体もクタクタだった。

そんな中でも、私が何とかすべてを投げ出さずにいられたのは、子どもたちのおかげだった。何度追い払っても近づいてきて、ちょっかいを出してくる子どもたちに、時にはうんざりしながらも、彼らの輝くような笑顔に結局は負けてしまい、もう少し頑張るかと思ってしまう。中でも、ラビキィとは何となく気が合い、私にとってはとても頼りになる存在だった。彼女は、すぐには心を開いてくれなかったが、時間が経つにつれ、少しずつ少しずつ私に近付いてきた。はじめは何となくそばに来て、目が合うと恥ずかしそうに笑うようになった。彼女は、七才にしては体が小さく、二歳年下の彼女の姪っ子よりも一回り小さかった。それでも、就学前の子どもたちの中で最年長の彼女は、とても働き者でしっかり者のお姉さんだった。ある時はご飯の支度、ある時は水汲み、ある時は薪拾い、そして始終、年下の兄弟・姉妹・甥姪の世話に追われる。アフリカの家族は子沢山なイメージがあるが、私が居候していた家族もそのイメージ通り。当時、ラビキィよりも年下の兄弟姉妹、甥姪は一一人もいた。朝起きてから夜寝るまで、お父さん・お母さん・兄弟姉妹・叔父・叔母・隣人・客人にまで、「ラビー、おいで!」と呼ばれ、時には泣きながらも毎日よく働いていた。

そんな風に、せわしなく仕事をする中でも、彼女はよく私のそばで時間を過ごしていた。私がわからないのも構わずゼンバ語でしゃべり続け、私が適当に答えていると、うれしそうに「うん、うん」と言って満足している。私がフィールドノートを整理していたり、本を読んでいたりする間は、隣で静かに自分の遊びに夢中になっているので、私も彼女がいることが気にならなくなり、次第に多くの時間を共に過ごすようになった。彼女は、忙しく働きまわる中でも、「水汲みは一緒に行くから必ず誘って!」と言い、一日の最後に彼女とおしゃべりしながら出掛ける水汲みは、私の日課になり楽しみになった。

水汲みの帰路

男の子はロバで、女の子たちはタンクを頭に載せて水を運ぶ。一番後ろがラビキィ。

こんな風に、たくさんの子どもたちの笑

顔と、村の人たちの優しさに助けられながら、私は少しずつ村の人たちと仲良くなり、生活に慣れていった。私が三か月、四か月と滞在するうちに、子どもたちは「チサトが日本に帰る時には、一緒に行くからね」と毎日のように言いに来るようになった。その中でもラビキィは、「私がチサトと行くんだからね。ほかの子はここに置いて行くんだよ。わかった?」と真剣な顔で何度も言ってきた。本当に日本に行こうと思っているんじゃないかと、こちらが不安になるくらいに。実際、帰国のため村を出る日、「ラビ、じゃ行こうか?」と冗談半分で言うと、すごく不安そうな顔をして、立ちつくしてしまった。その目がすごく悲しそうで、寂しそうで、私のほうも言葉に詰まってしまい、ろくにさようならも言えずに別れてきてしまった。

そんな彼女も、二〇〇八年、私が二回目に訪れた時には、九才のお姉さんになっていた。背も少し伸びて、女の子らしくなった彼女は、新一年生になっていた。二度目の訪問は、村のみんながまだあの場所に住んでいるか、私のことを覚えていてくれるか、歓迎してくれるか、と一回目とは異なる不安で一杯だった。村に着くと、見慣れた光景とともに見慣れたたくさんの顔が目に飛び込んできた。みんなも車の中の私を見つけ、「チサト、チサト!」と言って駆け寄ってきた。不安な気持ちは吹っ飛び、本当にうれしかったことを覚えている。

ラビキィは、相変わらず人見知りで、また人影に隠れて一向に出てこない。少し大きくなった彼女の体を無理やり抱き寄せ、「私、誰?」と聞くと、見慣れたはにかみ顔で「チサト」と応え、「学校、行ってるの?」と聞くと、恥ずかしそうに「イー(うんの意味)」と答えた。学校での生活を私に披露しに来るようになり、一から五〇まで英語で数えて見せたり、学校に履いていく靴を持ってきて見せたりしていた。平日は寄宿舎に寝泊まりしているこの家の子どもたちは、週末だけ村に戻ってくる。ラビキィのいない水汲みや午後のひとときは少し寂しいが、彼女が学校のことをうれしそうに話すのを聞いたり、日曜の夕方、年上の兄弟たちについて学校に出掛けていく小さな背中を見えなくなるまで見送ったりするのが、私の新たな楽しみの一つになった。

こんな子どもたちとの時間は、時にその社会を理解する糸口にもなっていた。村での生活の中で、村の人たちが私の荷物をまるで自分のもののように勝手に開け、持っていき、ほとんど返さないことが私の大きなストレスの一つだった。その時々、「私のだからやめて！」「欲しいなら言って！」「さっきの返して！」などと言っていたが、ほとんど埒が明かない。そんなある日、いつものように私のそばで遊んでいたラビキィに、隠し持っていた飴をこっそりあげた。すると、すぐにラビキィはその飴を握りしめて小屋の外に飛び出し、兄弟姉妹・甥姪とその一粒の飴を分けた。数十人の子どもたちに分けられた一粒の飴玉は、砂粒かと思うほどの小ささだ。てっきり一人で食べてしまうものと思っていた私は「何この子！　すごくいい子！」と、はじめは思った。だが後々、ラビキィが飴をみんなに分けるのも、私の持ち物をみんなが勝手に使ったり自分のものにしたりするのも、同じことだと気がついた。自分が持っていればあげるし、持っていなければもらう。こう書くと、特別不思議なことではない、当たり前のことのようにも思える。さらに、この時点ですでに遠い記憶の彼方になりつつあった大学院の授業で、所有の概念の違いなど、そのヒントになりそうな話を聞いたような気もする。ただ、その真っただ中に置かれると、なかなか「なるほど、これか〜」なんて思えない。ついつい、腹を立てたり、無下に断ったりしてしまう。そんな中で、心落ち着く子どもたちとの時間が、私にとって理解しがたい事柄を理解する冷静な視点を与えてくれ、私のここでの暮らしを支えていた。

2章

緑の傘を差した「土の塔」

1 シロアリ塚とは？

シロアリ塚が立ち上がる

そもそも、あの「シロアリ塚」は何か？　はじめに本書の主人公である「シロアリ塚」について、少し説明しておこう。ナミビアの道端ににょきにょきと立っているシロアリ塚は、シロアリ科オオキノコシロアリ属（*Macrotermes*）に属するシロアリによって造られたものだ。シロアリ塚は、オンバズ村では〝オチトゥンドゥ〟、ムヤコ村では〝チウル〟と呼ばれ、現地の人びとにもさまざまな形で利用されている。

シロアリは、節足動物門・昆虫綱・等翅目（シロアリ目：Isoptera）に属する昆虫の総称で、現在、世界で三〇〇〇種以上が確認されている。シロアリは真社会性昆虫と呼ばれ、繁殖カーストである女王アリと王アリ、不妊カーストである兵アリや職アリという異なる形態をもつ個体が一つの集団内に存在し、分業を行う昆虫である。シロアリ科（高等シロアリ）と、その他六科（下等シロアリ）の計七科に分けられ、シロアリ全種の七割が高等シロアリであるシロアリ科に属している。

セルロースの分解能力を持たないシロアリは、体内に共生する共生細菌または外部の共生菌の力を借りて植物体を分解し、自身が吸収できる形に変換している。体内に共生細菌を持つものを下等シロアリ、外部の共生菌（例えばキノコ）の力を借りているものを高等シロアリと呼んでいる。下等シロアリの多くが木を食べるのに対して、高等シロアリは木のほかに、落葉・落枝、草本、地衣類、腐葉土、土の中の有機物を食べるものまでさまざまだ。シロアリは熱帯から亜熱帯を中心に分布し、分布の北限にあたる日本には二二種が生息している。日本で代表的なシロアリは、下等シロアリに属するミゾガラシロアリ科のヤマトシロアリとイエシロアリである。これらのシロアリは材を食べるため、日本ではもっぱら害虫として認識されている。アフリカ大陸では一〇〇〇種以上のシロアリが確認され、世界でもシロアリの多様性の高い地域である。食物と同様に、巣の場所や形態も種によって木材の中・地中・樹上に営巣するもの、別の種の巣に寄生するものなどさまざまだが、乾燥・半乾燥地では地表に塚を形成するものがいる。

オオキノコシロアリ属はシロアリ科キノコシロアリ亜科（一〇属三三〇種）に含まれる代表的な属で、アジアやアフリカの熱帯、亜熱帯域、日本でも沖縄に分布している。その名の通り、巣内でオオシロアリタケ属（*Termitomyces*）のキノコを栽培している。オオキノコシロアリは、地表に巨大なシロアリ塚を形成し、その内部に一つの家族（コロニー）が住んでいる。だが、塚の建設中や修復中を除いて、あの地表に突き出た塔部分にシロアリたちはいない。巣は、塚の基部、地表面と同じくらいの高さにあり、キノコの栽培室や女王アリの部屋、卵の部屋などがハチの巣のように並ぶ。巣自体の大きさはせいぜい一メートル径ほどだという。以下では、キノコシロアリについて少し詳しく説明する。

シロアリ塚はシロアリの一つのコロニーが暮らす場である。新たなコロニーの形成は、雨季に有翅虫（羽アリ）となったオス・メスが巣穴から一斉に飛び立つことから始まる。数日の間にあちらこちらのシロアリ塚から無数の羽アリが飛び立つ群飛と呼ばれる行動である。雨季のはじめ、昼間に一雨あった日の夕方、シロアリ塚の周りから羽アリが次々と這い出し、見る間に夕日に染まった空を埋め尽くす様子に何度か出会ったことがある。ペアになった雌雄（創設女王、創設王とも呼ばれる）は地表に降り立つと羽を落とし、地中に小さな巣穴を形成する。その後繁殖を始め、コロニーの個体数が一〇万ほどまで増加すると、〃塚〃を造り始めるという。

塚造りは職アリたちによって行われる。地上部の巨大な塚は、トンネルや巣穴を掘る際に除去した土を、職アリたちが唾液で固めながら造っていく。オオキノコシロアリは深層土壌を利用して塚を形成するため、塚の土は粘土含量が多く褐色がかる一方、有機物含量は少ないことが指摘されている（他方、小さな塚を形成するシロアリ（腐植土食の下等シロアリが多い）は、表層土を利用するため、塚の土は有機物を多く含み、黒っぽい傾向がある）[1]。さらに、体長数ミリメートルの職アリに運ばれるシロアリ塚の土は、細粒で粒が揃っているという特徴がある。シロアリの巣穴からはトンネルが延び、地中に水平方向には半径数十メートル、垂直方向にも数センチメートルのところから最大では八〇センチメートル深にわたって網目状に広がっている。この網目状のトンネルを通ってシロアリたちは餌となる植物体を集めに行く。同じ種では縄張り争いがあり、塚は一定の間隔をもって形成される。同じ地域に他種の塚が混ざり合って分布することもあるようだ。

ひとつのコロニーは一対の女王アリ・王アリによって生み出された家族である。コロニーの個体数は、種やコロニーの成長段階によって大きく異なるが、数万から中には三〇〇万匹を超える場合もあるという。女王アリは、繁殖期には一日に数百から種によっては数万個もの卵を産む。女王アリ・王アリが死亡した際、下等シロアリではコロニーの中から新しい女王・王アリ（二次女王・王）が誕生してコロニーを引き継ぐ場合があるため、コロニーの寿命は時として非常に長くなる。一方で、キノコシロアリは生殖虫の交代は起こらないため、コロニーの寿命は創設女王・王の最大寿命である二〇年程度が上限といわれている。[2][3] 繁殖を担うシロアリは長期間同じ個体であるのに対して、職アリや兵アリは数十日から数か月でどんどん入れ替わる。

塚が古くなった時や、ほかの生物によって崩された時には、その都度、職アリが補修を行う。ひとつのシロアリ塚は、修復を繰り返しながら、コロニーの成長に伴って大きくなる。こんなに大きな塚をこんなに小さなシロアリたちが造るのだから、どれだけの時間がかかるのかと思うが、シロアリたちは膨大な量の土を非常に速い速度で移動させる。アフリカ南部の半乾燥地に生息するキノコシロアリは、高さ一メートル以上の塚を約九〇日で形成し、大きな塚では体積が二〇立方メートル近くになるという。[4]

天然の換気扇

疎らな植生の間にそびえる巨大なシロアリ塚は、車窓からでも容易に発見できるほど目立つ。車を降りてさらに近づいて見ると、赤茶色の土が塔のように時には五メートルの高さにまでそびえている。圧倒される存在感だが、そもそもなぜ、こんなに巨大なものを地表に造るのだろうか？　先に述べたように、巣は塚の基部にあり、地表に突き出た塔の大部分は、普段は無人（シロアリはいないという意）である。巣穴を掘った際の土を地表に出しているだけならば、わざわざあんなに立派な塔にする必要はない。さらに、塔の内部を覗いてみると、塔部分はただの土の塊ではなく、内部に幾筋ものトンネルが張り巡らされている。

シロアリ塚の巣内には、種によっては数百万匹にも達するシロアリの大集団と、彼らが栽培するキノコが暮らしている。このシロアリの大集団とキノコは、日々大量の二酸化炭素を生み出す。加えて、サバンナの気温は日変動が非常に大きく、湿度も極端に低い。地表にそびえる塔は、これらの厳しい環境を調整する役割を持つ。シロアリの種や塚のある環境（サバンナか森林内か）によって塚の構造や空気循環のシステムは異なるものの、シロアリやキノコが放出する代謝熱と太陽の日射によって塚内部に温度差が生じ、〝塔〟内部に張り巡らされた直径数センチメートルほどの通気管を空気が循環することで、適度な二酸化炭素濃度、一定の気温、高い湿度が維持されているという。つまり、シロアリ塚の塔部分は、〝換気扇〟として巣内の生活環境を整える役割を担っているのだ。実際、巣内は年中、温度約三〇度、湿度一〇〇％、二酸化炭素濃度も数％以下という快適な環境に保たれていることがわかっている。[5]　さらに、コロニーの成長に伴って塚自体も年々成長する。塚を上方に成長させ、表面積を大きくすることで、空気の循環をより活発にし、徐々に増加するコロニーの生存を支えている。オオキノコシロアリ属のシロアリたちは、このような巧妙な空調システムを発達させたことで、半砂漠地帯へ進出できたといわれている。

こうしたシロアリ塚の空調システムは、人間社会の建築にも応用されている。ジンバブウェの首都ハラレにあるイーストゲートセンターは、「シロアリ塚の自然の空調システム」を採用して建てられた。建物内部の空気を循環させることで、エアコンなどを使わずに快適な環境を保てるよう建設されている。この建物の空気循環は一方通行だが、シロアリ塚内部の空気の循環については、現在ではより研究が進み、〝肺〟のように空気を吸ったり吐いたりするシステムであることがわかってきている。[6]

2 アフリカで調査を始める

いよいよ、調査開始！

村に滞在を始めてからは、言葉も覚えなければいけない、生活にも慣れなければいけない、村の人たちとも仲良くならなければいけないと、するべきことが山積みで、正直「調査にまで気が回らない！」という気持ちになることも多かった。けれどもその一方で、調査のことを考え、実際に体を動かし、データを取ることで何とかくじけそうになる気持ちを保っていたところもある。はじめの頃は、言葉もできない、周りの人たちともわかり合えない、子どもでもできる仕事すらできない、食事だって出されたものを出された量しか食べられない。何ひとつ自分ではコントロールできない生活の中、唯一調査だけが自分でコントロールできることだった。「ここへ来たのは調査をするため」と自分に言い聞かせ、データを積み上げることで、その他ほぼすべてのうまくいかない出来事をいったん脇に置き、少なくとも調査は進んでいるという実感を得ることができた。

そんなわけで、村で暮らし始めてすぐに、調査計画もそこそこに調査を始めた。とはいっても、「シロアリ塚」というキーワードしか決まらないまま、スタートした調査。とにかくまず、「シロアリ塚」の何を調べるのかを決めなくてはいけない。そこで改めてじっくりと周りを見回す。オンバズ村でも、ここまでの道中と同様に、巨大な赤土のシロアリ塚がぽつぽつとそびえている。滞在を始めて数週間すると雨季が始まり、一面が一斉に緑に染まった。シロアリ塚が差している傘も緑が濃くなり、赤いシロアリ塚とのコントラストが何とも美しい。勉強不足を棚に上げていえば、事前の文献調査でもこんな傘を差したシロアリ塚は見ていなかった。そこでまず、「なぜシロアリ塚には木が生えているのか？」を調べてみることにした。

まず、村周辺を歩き回り、シロアリ塚がどこにあるのか、木はいつもシロアリ塚に生えているのか、どんな木が生えているのかを調べ、「シロアリ塚と木」の全体像をつかむことにした。もちろん、目的も方法も精査しないまま突き進むと非常に非効率的だし、調査自体が無駄になりかねないので、これから調査を始める若い方たちには決してお勧めしない。ただ、電気もなく携帯電話の電波もなく、村では文献を調べることもできないことに加えて、何かしていたい！という精神状態だった私は、このまま突き進んだ。

〝シロアリ塚と木〟の全体像をつかむ

車窓からは点々とあるように見えていたシロアリ塚だが、実際に村の周辺を歩いて探してみると、それほど多くはないことがわかってきた。モパネの低木が疎らに生えているだけなので、見通しは良さそうに思われるかもしれない。しかし、樹木密度は低いものの、高さ二〜三メートル程度の低木モパネは、ちょうど視線の高さに葉を茂らせる。そのため、視界に複数のシロアリ塚が見えることはほとんどなく、低木モパネの間を縫うように歩き回る必要がある。他方で、「シロアリ塚と木」の全体像をつかむためには、なるべく多くのシロアリ塚を調査しなくてはいけない。当たり前だが、当てずっぽうに歩いていると何度も同じシロアリ塚に行き当たったりして非効率的なので、一人ローラー作戦でシロアリ塚をしらみつぶしに調べていくことにした。とにかく、時間と体力だけは有り余るほどあった。

まず、滞在していた小屋から北、〝山〟の方に向かって調査を開始した。はじめに、比較的背の高い木や変わった形の木など、特徴的な目印を見つけ始点にする。その始点からコンパスで北を見て次の目印となる木を見つける。目印を北に延ばしていきながら、例えば、その日は始点と目印とを結ぶ側線より東側を調査すると決め、始点から北に向かって歩き、側線の東側にシロアリ塚を見つけたら、ＧＰＳ（全地球測位システム）で位置を記録する。次に、シロアリ塚の直径と高さ、樹木の有無、樹木がある場合には樹種や樹高などを測定、記録する。シロアリ塚の大きさや樹高は、折れ尺やメジャー、ハンドレベルを使って測定した。二メートルほどの高さまでは折れ尺を使って測れるが、それより高いシロアリ塚や樹木の場合は、ハンドレベルを使った。ハンドレベルは、望遠鏡のようになっていて、覗くと対象物の水平からの傾斜角が読み取れる。つまり、対象物から一定距離（Ｄ）離れてハンドレベルを覗き、シロアリ塚または樹木のてっぺんまでの角度（θ）を測定し、［対象物の高さ］は［自分の目の高さ］＋［対象物までの水平距離Ｄ］×tanθを計算することで求められる（図3）。精度はあまり高くないが、きちんと測れば、五メートルなのか六メートルなのかはわかる。

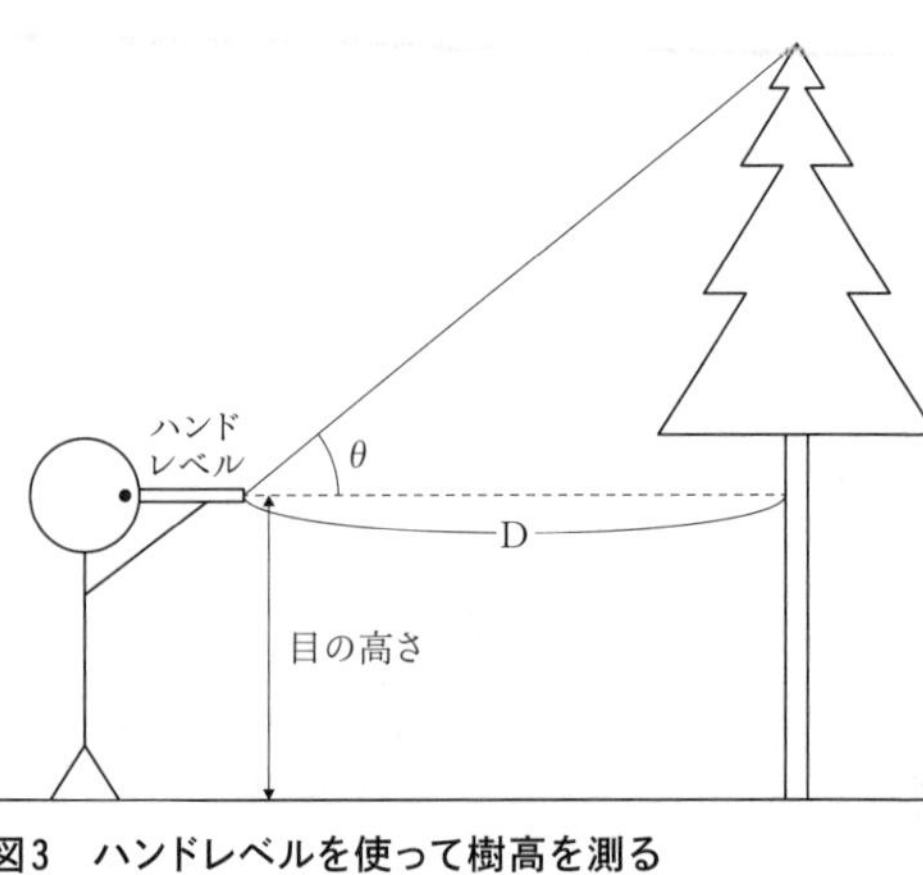

図3　ハンドレベルを使って樹高を測る

樹木の種類は、図鑑を見ながら同定（種名を調べること）していく。この同定作業だが、はじめはとても手間取った。何しろ一つとして知っている木はなく、これとこれは近い仲間だろうという予測もできない。ナミビアの首都で買ったB5サイズの*Shrubs and Trees of Namibia*（「ナミビアの樹木」）という図鑑だけが頼りだ。この図鑑は小さいが辞書くらいの厚みがあり、重い。しかし、必需品のため常にカバンに入れていた。さらに、図鑑を見てもすぐに樹種がわかる時ばかりではない。図鑑の中の写真と実物の見た目がかなり違う場合も多い。時間は十分にあるので、説明部分を隅々まで読み、慎重に同定していく。幸いなことに、オンバズ村周辺ではモパネが圧倒的に多いことに加え、モパネ以外の樹種も二〇種程度しか出現しないので、一通り樹種を知ってしまうと、その後は比較的簡単だった。ただ、葉がなかったり、葉があってもどうしても同定ができず花が咲くまで待ったりと、一通り樹種を知ることができたのは、二回目の訪問の後だった。

こうやって一つのシロアリ塚を調査したら、次のシロアリ塚を探しながら、北に向かって歩いていく。〝山〟の麓あたりまで進んだところで、少し横にずれて折り返し、今度は南に向かって同じことを繰り返していく。オンバズ村には就学前の子どもやお年寄りしかいなかったため、調査は基本的に一人で行っていた。慣れないうちは、みな同じような形をしたシロアリ塚の見分けがつかず、同じシロアリ塚の周りを何度もウロウロしたり、どこもモパネばかりで同じような景色に見え、何度も行ったり来たりしながら、少しずつ調査を進めていった。

こんな風に一人でちまちまと調査を進め、最初の調査が終わるまで（つまり約半年の間）に、このローラー作戦で約一〇平方キロメートル（一〇〇〇ヘクタール）の範囲を調べた。調べた範囲内には、三八六個のシロアリ塚があった。シロアリ塚の分布は場所によってばらつきが大きく、住居周辺では

シロアリ塚に生えているのはモパネが最も多いが、周辺に生育する他樹種も見られる。

一ヘクタールあたり平均二個程度、〃山〃ではそれよりも低い密度で分布していた。シロアリ塚は大きなものでは、高さ五メートル、直径八メートルにもなった。

その中で、〃木が生えている〃シロアリ塚が実際にはどのくらいあったのかというと、分布するシロアリ塚の約九五％（三一三個）に木が生え、木のないシロアリ塚はわずか五％以下（一五個）だった。シロアリ塚一つに生えている樹木の本数は、一本が全体のほぼ半数を占め、平均で一・八本、最大で六本生育しているものもあった。シロアリ塚に出現する樹種は、モパネが最も多いが、周辺に出現するシクンシ科の*Terminalia prunioides*や*Combretum imberbe*といった樹種も見られた。シロアリ塚にのみ出現する樹種やシロアリ塚に顕著に多く出現する樹種は存在しなかった。

村での一日

オンバズ村に滞在中、私の一日は早朝の調査から始まる。村の人たちは日の出とともに起き、すぐに放牧や農作業、ご飯作り、洗濯などそれぞれの仕事に取り掛かる。私もみんなに倣い、日の出とともに森に出掛け、木の高さや太さを測ったり、地形を測量したり、木の種類を図鑑で調べたりする。わからない植物はお母さんに尋ねるため、葉っぱや果実を取って持ち帰る。私は調査の時、植物や動物の名前を学名とともに現地名で覚えるようにしている。そうすると、例えば葉が出ていなかったり、花が咲いていなかったりして学名がわからなかった植物も、後々「これがあの時の○○よ」と教えてもらえるからだ。そして、太陽が真上から直撃し、リュックに下げた温度計が四〇度をだいぶ超えた頃、お昼ご飯を食べるために、一度帰宅する。

お昼ご飯が終ると、昼間は暑すぎて外を出歩けないため、木陰でのんびり過ごす。のんびりといっても優雅なひとときとは程遠く、進まない時計の針とにらめっこしながらの長い長い午後になる。日中の日差しはジリジリと肌を刺し、日向にいると頭がグラグラしてくる。小屋の中も風が通らないため、座っているだけで汗が流れ落ちる。こんな中ではなかなか本も読めない。一方、湿度は数%という乾燥した気候のため、灼熱の日向や小屋の中とは打って変わって、木陰はとても涼しい。暑くてどうにもならない昼下がり、村の人たちは木陰でおしゃべりをしながら過ごす。私もみんなのいる木陰で、子どもたちと遊んだり、フィールドノートを整理したり、本を読んだりして、時間を過ごす。だが、この木陰でもなかなか気が抜けない。地面にペタンと座っていると、足やらお尻やらを蟻に噛まれるのだ。体長二ミリメートルくらいの小さな蟻だが、噛まれると結構痛く、さらに噛まれた後は赤く腫れて痒くなる。蟻に噛まれて点々と赤くなる私の足は、みんなの注目の的になる。子どもを含めて村の人たちは、なぜかほとんど噛まれないようだ。子どもたちは毎日私の足をチェックしに来ては、家に一つしかない椅子を(お父さんがいない時には)すぐに持ってきてくれる。だが、みんなが地べたに敷いたゴザの上でくつろいでいる中、自分だけ椅子に座っているのも落ち着かず、すぐにまた地べたに腰を下ろしてしまう。

こんな長い午後を過ごし、また夕方から活動を開始する。余力があれば、もう一度調査に出掛ける。疲れてしまった日は、そのまま水汲みに出掛ける。先に記した湧き水へは、家から二キロメートルほどの道のり。子どもたちと遊びながら、おしゃべりしながら三〇分ほどかけてゆっくりと歩いていく。村の人たちが〝オルウィ〟と呼ぶ水場は、きれいな水が岩の隙間から流れだし、数百メートル流れて消えている。男の子たちはロバを使って水を運ぶが、村の女性たちは二五リットルのタンクを頭に載せ、すたすたと歩く。私も挑戦したが(もちろん二五リットルの半分くらいしか入れていない)、首が折れそうになり、五リットルの軽いタンクから特訓を開始した。今では一〇リットルのタンクを頭に載せて運べるようになり、何ならもう一つ片手に五リットルのタンクも持てる。どうだ!せいぜい一〇歳前後の女の子が運ぶ量だけれど。こんな風に、毎日往復一時間以上かけて少量の水を運んでいると、水の大切さが身に染みる。水汲みが終わると、日没前に水浴びをして、日が沈むのを眺め、日没の時刻をノートに記録する。一日の終わりにここで眺める夕日は、世界一美しい。

夜は再び、お昼ごはんのすぐあとから作り始めたシマと酸乳(次節参照)のご飯を食べる。昼間の灼熱が嘘のように、夜はとても冷えるため、長袖シャツにゴアテックスの分厚い合羽を着て火にあたり、夜ご飯を食べる。真っ暗闇の中、家族みんなが火の周りに集まってご飯を食べ、おしゃべりをする。絶え間ないおしゃべりの合間を縫って、誰ともなく歌い始め、たらいを裏返した即席の太鼓が加わる。焚火に照らされた見慣れた家族の顔に囲まれ、絶えない笑い声と心地のいい歌声に溢れ、今日も一日が無事に終わったという安堵感に包まれる幸せなひとときである。

村の湧き水

“オルウィ”では一年中岩の隙間から水が湧き出し、
数百メートル流れて消える。

焚火を囲む輪を一歩離れると、闇の中。どこまでも広がる夜空と地面と自分との境界さえもわからないような感覚に包まれる。電気のないこの村では、夜空いっぱいに星が隙間なく瞬く。毎晩、空には天の川が大きな竜のように横たわり、いく筋もの流れ星が走る。「月明りで本を読む」ことが本当にできることをここで知った。月夜の明るさに対して、新月の夜は目の前に真っ黒な布を下げられたような暗さだ。懐中電灯なしでは数十メートル先の自分の小屋までも辿り着けない。

寝る時には、総勢三〇人ほどの大家族が四つの小屋に分かれて寝る。〝チサトの小屋〟にも当然六～七人寝る。小さな〝ベッド風の台〟に私を含めて三人、その下の地べたに毛布を敷いて三～四人が寝る。夜中にちょっとでも起き上ろうものなら、もう戻る場所はない。小屋の屋根は〝エホディ〟と呼ばれるイネ科草本で葺いてあるが、強い雨までは防げない。日中ならば急な雨にもみんなでワーワー言いながら濡れて過ごせるが、夜中の雨はこたえる。ポタポタと天井から滴り落ちる雨を寝袋に入って避けながら、雨なんて降っていないと自分に言い聞かせて眠る。

ゼンバ語を覚える

「オカメネ!」朝、起きてまず口にする言葉だ。男性は「ヴァケトゥ」、女性は「インドゥー」と返し、「オネヴァラ?」と続ける。おはようと英語の“How are you?”“I'm fine. And you?”が合わさったような、ゼンバの人たちの朝のあいさつだ。〝オカメネ〟の部分が、昼は〝オクユハラ〟、夜は〝オクトケラ〟に代わり(返事はいつも同じ)、人に会うたびこの挨拶が繰り返される。

私がオンバズ村でお世話になっていたゼンバの人たちは〝ゼンバ語〟を話す。現在、ゼンバ語話者はナミビア北部とアンゴラ南部に計三万人ほどいるとされ、そのうち一万人強がナミビアに暮らしている。クネネ州の州都であるオプウォ周辺の学校では、英語の他に地方共通語としてヘレロ語(ナミビアのヘレロ語話者は約二〇万人)が教えられている。全人口が二五〇万人(二〇二〇年:世界銀行)しかいないナミビアにおいてでさえ少数派のゼンバの人たちは、国内でもかなりマイナーな存在である。ヘレロ語とゼンバ語、ヒンバ語の違いは、方言程度とも表現され、ぼんやり聞いていると区別できない。また、学校でヘレロ語を学ぶこともあり、ゼンバの人同士の会話でもヘレロ語とゼンバ語をごちゃまぜにして話をする。そのため、ヘレロ語は私にとって耳馴染みはあるものの、きちんと聞くとあまりよく理解できない。方言程度といっても、ヘレロ語とゼンバ語では単語の多くも異なる。一度、ナミビア北部の都市からオプウォ行きのコンビ（乗り合いの長距離タクシーのようなもの）に乗った時、耳馴染みのある言葉が飛び交っていたので、ほっとして少し話に加わった。ナミビア国内でも北西部に行かないとヘレロ系の言葉を耳にすることはほとんどないため、誰一人として知人のいない見知らぬ地からようやく第二の故郷に帰ってきたような気分になったのだ。彼らの話に加わり、私はいつものように話したのだが、「こいつ、ゼンバ語喋ってるよ!!」と車内は大騒ぎになった。多少は会話の内容がわかったので、私にとっての〝いつもの言葉＝ゼンバ語〟で話したのだが、車内の会話はヘレロ語で交わされていたのだ。ヘレロ語は日常的に耳にし、多少なら意味もわかる。一方、ゼンバの人たちは、ゼンバ語を学びに来た（ということになっている）私に、常にきちんとしたゼンバ語を時にはお年寄りに聞きながら教えてくれる。そのため、私のゼンバ語は恐らく少し古臭く、そんな〝純ゼンバ語〟を外国人である私が突然話し出したことに驚いたようだった。

地方でもこんな状況なので、当然、ゼンバ語の辞書なんてものはない。そのため、村に滞在を始め、調査と並行してまずしたことは、自作の〝ゼンバ語辞書〟を作ることだった。そもそも村では英語がほとんど通じないため、ゼンバ語を覚える以外に自分の意思を伝える術がない。多少でも英語の話せる小中高生や若者たちは学校の寄宿舎や町に住んでおり、村にはたまにしか帰ってこない。まずはゼンバ語で「これ何?」を教えてもらい、村にいる大人や子ども相手に、身の回りのものを片っ端から「これ何?」「これ何?」と聞きまくった。聞いたらすぐに自分で言ってみて発音を直してもらう。なかなかうまく発音できないので、いちいちガハガハと笑われるが、そんなことは気にしていられない。相手にOKをもらうまで、しつこく繰り返す。こんな風に書くと、とても社交的でバイタリティーのある人のように感じるかもしれないが、そうではない。私はおしゃべりではないし、ひどい人見知りだ。できることなら黙っていたい。だが、自分の意思を何一つ伝えられないというのは、そんな性格を吹き飛ばすくらい不安なことだった。

ゼンバ語を覚えるにあたって、私ははじめ、自分の知りたい単語や自分の言いたい文章をノートに書き出し、それをゼンバ語で何と言うのか知っていく、というやり方で言葉を覚えようとした。例えば、「今は本を読んでいるからあっち行って」「私の体にベタベタ触らないで」「私のライトを返して」(実際にフィールドノートに書いてあった文章。当時の精神状態が蘇ってくる)などをノートに書き込み、英語のわかる人にゼンバ語に訳してもらう。なにしろ自分の言いたいことが何ひとつ表現できないのだ。とにかく、「やめて!」「嫌だ!」「私はこうしたい!」と言いたい! しかし、これが驚くほどうまくいかなかった。まず、私にとっても村の人にとっても不自由な英語を介することで、私の意図からどんどん離れていく。さらに、英語を半ば無理やりにゼンバ語に直すことはできるが、とても不自然なゼンバ語になるうえ、私の下手くそな発音では伝わらない。もう一つ、決定的だったのは、彼らの感覚と私の感覚がかけ離れていたことだ。常に人に囲まれ、話しかけられるため、本を読んだり考え事をしたりすることが難しい。たびたび「話しかけないで」「一人にして」と言っていたが、これが伝わらない。〝一人になること〟が彼らの中では異常なことで、「チサトが一人だから、行ってあげなさい」と大人たちがわざわざ気を遣って子どもたちを送り込んでくる。私の持ち物を手当たり次第、触り、使い、時には返さないことも同様だ。私が嫌だからやめてと言っても、彼らにとってはそこにあるものをみんなで使うことの何が嫌なのかわからないといった感じだ。

この方法があまりうまくいかないことがわかってからは、ひたすら彼ら・彼女らの会話を聞き、ノートに書き込み、あとで英語のわかる人に何と言っていたのかを教えてもらう、というやり方に変えた。このやり方でも私や聞いた相手の英語力には邪魔されるし、私のリスニング力も非常に重要になる。全く意味不明の文字列として私が聞き取っている場合もある。だが、少なくとも半分くらいは使えるゼンバ語を覚えることにつながるようになった。ただし、この方法だと、「おしっこを漏らした！」「ヤギは囲いに入れたか？」「お父さんに言いつけるよ！」「叩くよ！」といった、私の身の回りに溢れる子どもの会話や子どもへの大人の言葉が多くなり、実際に私が使える言葉に辿り着くのに時間がかかる、という問題点もあった。

加えて、私はゼンバ語の意味をフィールドノートに書くとき、なるべく英語で書くようにした。これは私のものを手当たり次第、見て触って使う彼らの行動に、憤慨ばかりしていないで、ゼンバ語の勉強に役立ててやろうと思ったのだ。ゼンバ語の横に、その意味を英語で書いておくと、私が間違ってゼンバ語を訳しているときに、私のノートを勝手に見た誰かが直しておいてくれるというおまけがつくのだ。

こんな風に単語一つすらわからない状態から、少しずつ〝Ｍｙゼンバ語辞書〟を厚くしていった。よく外国語は三か月で突然パッとわかるようになるなんていうが、（私の語学力の問題なのだろうが）私はそんなパッと視界が開けるような感覚は未だに経験したことがない。本当に少しずつ少しずつ相手の言っていることがわかるようになり、こちらの言っていることが通じるようになり、意思の疎通ができるようになっていった。

ようやく何とか話ができるようになってくると、ゼンバ語―日本語訳の質問攻めが始まる。始終、「ウシは日本語でなんて言うの？」「ヤギは？」などと聞いてくる。子どもたちのお気に入りの日本語は〝カミノケ〟と〝ニワトリ〟。子どもたちにとって身近なものであることに加えて、発音しやすく覚えやすかったようだ。私の髪の毛をベタベタと触っては、「カミノケ！　カミノケ！」と叫び、理由もなくニワトリを捕まえては「チサト！　ニワトリ！」と大声をあげる。ゼンバ語の発音は巻き舌やクリック音などの難しいものはあまりなく、基本的にローマ字読みなので日本人には発音しやすい。だが、ゼンバ語にはないアルファベットがいくつかあり、その一つがZだ（ゼンバzembaもゼンバ流にはDhimbaと書き、発音としてはディンバに近い）。幸い私の名前は彼らにとって覚えやすく、〝ヤマシナ〟も〝チサト〟もすぐに覚えてもらえたが、私の指導教員のミズノ（Mizuno）が彼らには難しかった。頻繁に話題には上がるものの、いつまで経ってもミディノと言っていた。

村の人たちは、日本語では自分の名前をひらがな、カタカナ、漢字と三通りに書けることにも感激し、頻繁に自分の名前を三通りに書くことをせがむ。その結果、私のフィールドノートは所々、みんなの名前で埋め尽くされている。今となっては微笑ましい良い思い出だが、その時は、長い滞在期間の中で貴重なフィールドノートなのに！とカリカリしていた。日本語の歌も大好きだ。村の教会では、毎週、日本語で〃幸せなら手を叩こう〃が歌われ、子どもたちは〃大きな栗の木の下で〃を振り付きで歌い私をメロメロにする。

はじめは言葉一つわからず、今でも村では子どもでもできる仕事一つできない私だが、村の人たちは驚くほど当たり前に私を受け入れてくれた。言葉が通じなくても、何かの作業中でも、寝ていても、構わず話しかけてくる。たまにはそっとしておいてほしいと思うが、村の人たちは常にこちらを気にかけ、決して放っておかず、私は四六時中、彼らの中に取り込まれ続ける。そのおかげで、私は何とかゼンバ語で日常生活を送れるくらいまでに上達した。日本で通じる人は恐らくほとんどいないし、現地以外で役に立つ見込みも限りなくゼロに近いけれど、彼らと彼らの言葉で話ができることは、彼らの見ているものの一部を共有できるようで、とても楽しい。

3 シロアリ塚と木の関係

シロアリ塚が先か？　木が先か？

話をシロアリ塚に戻そう。木の生えたシロアリ塚を最初に見た時から、ずっと気になっていたことがあった。それは、シロアリ塚にどうやって木が生えたのかということだ。というのも、この〝シロアリ塚に生えている木〟はすべて、シロアリ塚に埋もれているのだ。シロアリ塚に木が埋もれるには、シロアリ塚の中から木が生えてくる、もしくは、すでにある木の下にシロアリ塚が造られる、の二つの可能性が考えられる。つまり、シロアリ塚が先か、木が先かという問題である。この問題を、私の観察した結果と既存の文献の情報から考えてみた。

まず、前者のシロアリ塚の中から木が生えてきた可能性だ。ここで対象にしているオオキノコシロアリ属のシロアリは、主に枯死した植物体を一度体内に取り込み、未消化の状態で排泄する。これが菌園の材料になり、ここにシロアリがシロアリタケの胞子を植え付けることで菌園が栽培される。この菌園に生えてくる菌糸や菌園そのものに加えて、職アリが周辺から採集し巣内に貯蔵する植物体がシロアリたちの食料として利用される[7]。ここから考えると、シロアリが餌として巣内に運び込む植物に紛れた種子が、巣内で発芽する可能性が考えられる。植物の種子には発芽の際、光が必要なものと、反対に光があると発芽が抑制されるものがある。水資源の制限された乾燥地などでは、光が当たる環境では発芽後、生長できない可能性が高まるため、（比較的水分条件のよいことが期待できる）暗い環境が続いた際に発芽する植物があることが知られている。

シロアリ塚に出現した各樹種の発芽条件は詳しくわからなかったが、例えば、シロアリ塚に最も多く出現したモパネは、湿度を保つために、種子が多少土に埋まっていた方が発芽しやすいが、深く土の中に埋まっていると発芽できないという。[8] 高さ数メートルにもなるシロアリ塚の基部にある巣の中で、モパネの種子が発芽することは難しそうだ。他樹種についても、シロアリによって種子が巣に運び込まれ、そこで発芽する可能性は否定できない。しかし、少なくとも発芽した実生の生長には光が必要であり、閉ざされた光の届かない塚の内部で発芽した実生が生長し、高さ数メートルのシロアリ塚を超える、なんてことは考えにくい。これらのことから考えると、オンバズ村周辺に分布する〝シロアリ塚と木〟では、シロアリ塚の中から木が生えてきた可能性は低いといえる。

ということは、木が先にあり、その下にシロアリが塚を造るのだろうか？　あいにく、これまでまさに木の下に塚が造られている現場に出合ったことはなく、実証できていないが、シロアリ塚に生えている樹木のサイズが一つの目安になると考えている。シロアリ塚と周辺に出現する樹木の樹高と胸高直径（一般的に地際から一・三メートルの幹の太さ）を測定した結果、周辺に出現する樹木の平均樹高は三・八メートル、平均胸高直径は一一・八センチメートルであった。これに対して、シロアリ塚に出現する樹木は平均樹高六・一メートル、平均胸高直径は二一・一センチメートルであった。つまり、シロアリ塚に出現する樹木は、周辺に生育する樹木に比べて背が高く太い。

では、胸高直径二〇センチメートルほどのモパネは樹齢何年くらいだろうか？ モパネの幹の太さと樹齢の関係については、幹直径四〇〜七〇センチメートルほどの成木モパネが、樹齢一〇〇〜二〇〇年であるといった具合に大雑把な推定で語られ[9]、樹齢を実測した研究は少ない。その数少ない例の一つでは、輪切りにした幹の直径と年輪数の実測から、直径一〇センチほどのモパネが樹齢約三〇年、生長率は一年あたり三・六ミリメートルほどであることが示されている[10]。しかし、先に述べたように、モパネは環境によって樹形が大きく異なり、加えて、生長率も樹木のサイズや土壌肥沃度、降水量によって地域ごとに異なる。大まかに見ても、モパネシュラブランドではモパネの幹は細く樹高も低く保たれるが、モパネウッドランドや河川沿いでは、三〇センチメートルを超える太い幹をもつ高木へと生長する。樹木の太さからだいたいの樹齢を知ることができればいいのだが、モパネに関しては、特にこういった理由から、ある地域で得られた樹木の太さと樹齢の関係を別の地域に当てはめることが難しい。

そこで、多少手間はかかるが、年輪を調べることにした。樹木の幹を輪切りにすると現れる年輪は、季節によって樹木の生長速度が変わることで形成される。そのため、温帯など季節が明瞭な地域でははっきりとした年輪が形成されるのに対して、季節性のあまりない熱帯では明瞭な年輪が形成されないこともある。また、明瞭な雨季・乾季があり、かつ大雨季と小雨季のように、一年に二回の雨季がある地域では、二つの年輪（一つは偽年輪と呼ばれる）が形成されることもある。ナミビアは雨季・乾季が明瞭だが、雨季は年に一度であり、一年に一つ年輪が増えると考えてよさそうだ。年輪を見るには、幹を輪切りにする、つまり木を切り倒すほかに、成長錘という器具を使う方法がある。年輪を見るだけのために木を切り倒すのはあまりに破壊的すぎるし、そもそも大変な作業なので、後者の成長錘を使って年輪を見てみることにした。成長錘は空洞になったドリルのような細長い棒で、この器具を木の幹に横から垂直に突き刺し、円柱状に幹をくり抜く。ちょうど幹の中心を通るように器具を挿入することが重要で、中心部分を通っていないと、取り出したサンプルの年輪を正確に数えることができない。この器具を使ってモパネの年輪サンプルを二つ採取した。もっとたくさんサンプルを取りたかったのだが、ある日の調査中、成長錘の器具がモパネの幹に刺さったまま、ビクともしなくなり、泣く泣く器具ごと諦めた。モパネの材は非常に硬いのだ（4章第4節「害虫」参照）。

サンプルの年輪幅を測定した結果、平均年輪幅は年一・八ミリメートルだった。この結果から大雑把に推測すると、胸高直径二〇センチメートルほどのモパネは樹齢一〇〇年程度ということになる。シロアリ塚に出現する樹木は、八〇％が胸高直径一〇センチメートル以上、半数以上が胸高直径二〇センチメートル以上だった。一方、シロアリ塚の〝寿命〟は、一つのコロニーが続く最大二〇〇年ほどと考えられる。よって、シロアリ塚に埋まっている樹木の多くは、シロアリ塚の寿命に比べても十分長く生きている。このことから、シロアリ塚に埋まった木は、すでにある木の下にシロアリたちが塚を造る結果と考えられる。

このようにナミビアの中部から北西部の乾燥した地域では、「木の下にシロアリ塚が造られるパターン」がよく見られる。では、なぜシロアリは木の下に塚を造るのか？　これにはナミビア中部で行われた研究から一つの説が指摘されている。日差しを遮るもののないサバンナでは、季節によって日中の日向の気温は五〇度を超える。そのため、シロアリは巣内の温度が上がるのを防ぐため、木陰に塚を形成するというものだ。[2] シロアリ塚には空調機能があり、巣内の温度や湿度が一定に保たれるようになっているものの、やはり木陰に塚を造れば、それだけ温度の調整はしやすいということなのだろう。オンバズ村周辺では、木のないシロアリ塚はたったの五％しかなく、残りの九五％のシロアリ塚はすべて木の下に造られていたので、やはりこの日陰効果が影響しているのかもしれない。

しかし、それだけでは説明できないような現象が同じナミビアのほかの地域では見られる。次章で詳しく述べるが、ナミビア北東部では、シロアリ塚に木は生えているのだが、「木の下に造られるシロアリ塚」はぐんと減り、全体の三％未満になる。その反面、「シロアリ塚の上に木が生えている」ものが多くなる。このように、シロアリ塚が木の下に造られる地域もあれば、シロアリ塚の上に木が生える地域もあるものの、この違いがシロアリの種の違いによるものなのか、環境によるものなのか、今のところわかっていない。

カチカチのシロアリ塚

調査をしていると、シロアリ塚の中を見てみたくなる。塚の内部を覗いて、シロアリがいるかいないかが確認できれば、塚が活動中か放棄されたものかわかるし、シロアリ自体を観察してサンプルが採れれば、シロアリの種がわかるかもしれない。女王アリは時には一〇センチメートルを超えるほど巨大だというし、シロアリの巣の内部には菌園を育てる部屋や女王アリの部屋、食料の貯蔵部屋などがあるという。ぜひ見てみたい。

だが問題は、シロアリ塚がとんでもなく硬いということだ。内部を見ようと、何度もシロアリ塚の破壊を試みたが、足で蹴っても、棒で叩いても、棒を突き刺そうとしてもビクともしない。持参した大きなシャベルでも全く歯が立たず、村の家族に耕作に使う鍬を借りた。それでも、かなり力を入れてガツンとやっても、手がビリビリと痺れてシロアリ塚の表面がポロっと欠けるだけ。中が見えるまでシロアリ塚を壊すにはかなりの根気がいる。暑さと空腹に負けて、何度、途中放棄したことか。ある日、どうにか気力を絞り、半日ほどかけて何とかシロアリ塚の半分ほどを破壊した。念願だった塚の内部が見え、菌園や通気管の様子を観察できた。それにしても、塚を壊している端から、シロアリが後から後から湧いてきて、正直ちょっと気持ち悪い。シロアリは塚が一部でも壊れると即座に修復を行うため、土を運んで塚の修復を行う無数の職アリと、職アリよりも一回り大きな兵アリが塚の中から続々と出てくる。外敵の警備にあたる兵アリは、体長一センチメートルを超え、大きな顎を持っているので、噛まれると手にぶつりと穴が開く。ようやくシロアリ塚の内部を見られたものの、ゾワゾワ、ソワソワしながらの観察になった。さらに、半日にわたるシロアリ塚との格闘と引き換えに、鍬はぐにゃりと曲がってしまい、家の人には後日、新しい鍬を買って返し

シロアリ塚の内部
塚部分に見える穴は通気管。折れ尺のある基部には白っぽい菌園が見える。

た。

さて、壊したシロアリ塚を翌朝再訪すると、半壊させたはずのシロアリ塚が見当たらない。別のシロアリ塚に行き着いたのかと思って、GPSを確認し、周辺を歩き回って探してみる。やはり場所は間違っていない。そう、塚はすでに元通りに修復されていたのだ。確かに、私が塚を壊しているそばから、職アリがせっせと土を運んで修復を始めてはいたが、まさか体長数ミリメートルの小さなシロアリが、一匹一匹砂粒をせっせと運び、たった半日で私の半日と同じ仕事をするとは。まさに、塵ならぬ〝砂粒も積もれば山となる〟だ。

巣の内部にはハチの巣状の構造が見られる。

土壌の硬さを測る土壌硬度計という器具を使い、実際に、シロアリ塚と周辺の土の硬さを測ってもみた。活動中のシロアリ塚は、放棄された塚の一・五倍、シロアリ塚外の地面の二倍ほど硬いことがわかった。落ち葉などの植物体が厚く積もりフカフカしている日本の林床とは異なり、草本も落ち葉も少ないモパネ林では、足の裏に感じる地面はとても硬い。シロアリ塚はその硬い地面よりもさらに硬いことが数値でも示された。

さらに、何百というシロアリ塚を見ていると、その多くが緑の傘を差している一方で、死んでいる木（枯死木）も多いことに気づく。樹木の生死に注目して見てみると、シロアリ塚に出現する樹木のうち、枯死木の割合は四〇％に上るのに対して、シロアリ塚の外に生育している樹木では三〇％に留まる。あまり違いがないように見えるかもしれないが、統計的な分析をすると、両者の値にははっきりとした違いがあることがわかる。

こんな風に、シロアリ塚には周辺に比べて枯死木が多いが、シロアリまたはシロアリ塚が樹木を枯死させているのだろうか？　残念ながら、シロアリ塚に枯死木が多い理由については、まだわかっていない。だが、例えばオーストラリアで行われた研究では、シロアリが植物の根や種子を除去することで、植物の生長が阻害されるため、特に活動中のシロアリ塚には、植物が生育していないことが報告されている。[11] また、〝ナミビアのミステリーサークル〟として知られるフェアリーサークルは、シロアリの巣の周辺で植物の生育が阻害される一例だ（コラム3）。地中に巣を造る砂シロアリが巣の周辺にトンネルを掘る際、草本の根を傷つけることがその成因の一つであると考えられている。先に述べたように、私が対象にしているキノコシロアリは、餌資源として主に枯死草本を利用するが、草本が不足する場合には生きた植物体も利用する。[7] したがって、草本が不足した際に生木を利用することや、巣穴やトンネルを掘る際に樹木の根などを除去することが樹木の生存に影響を与えている可能性は考えられる。他にもシロアリ塚に枯死木が多い要因として、樹木がシロアリ塚に埋まっているために、枯死したのちも倒木になりづらく、分解が進みにくいので残りやすい、という可能性も考えられる。

樹木にとってシロアリ塚は害か？

ここまでの調査からわかったことは、ナミビアのオンバズ村周辺では、なぜだかはわからないが、シロアリはわざわざ木の下に塚を形成するらしいこと、そのシロアリ塚はカチカチに硬いこと、さらに、樹木の枯死の原因はわからないものの、シロアリ塚には枯死木が多いことだ。これらの結果を見ると、シロアリ塚が自らの幹を取り巻くように形成されることは、樹木からすると特に影響なし、または、あまりありがたいことではないような印象を受ける。だがこの印象は、これまでアフリカでいわれてきた「シロアリ塚と植物」との関係とは正反対だ。これまでアフリカで行われた研究では、シロアリ塚が植物の生育適地になり、より多くの植物が生育する場になっているという例が多く報告されてきた（次章で詳しく説明する）。オンバズ村でもシロアリ塚が植物の生育適地となることもあるのだろうか？

オンバズ村周辺のシロアリ塚には多くの場合、埋まった状態で樹木が生育している一方で、シロアリ塚の上（表面）には実生を含めて樹木が生育している様子は見たことがない。つまり、結論から言ってしまうと、オンバズ村周辺では、出来上がったシロアリ塚の上に植物が定着することはほぼなく、シロアリ塚が植物の生育適地にはなっていないようだ。これはなぜだろうか？　シロアリ塚から樹木が芽を出すためには、まず種子がシロアリ塚に落ちること、そしてその種子がそこで芽を出し、根を張って定着することが必要である。まず、種子について考えてみよう。自ら動くことのできない植物は、より遠くへ子孫となる種子を運ぶため、風や水などの物理的な力、または生物の力を借りる（生物に運ばれるものについては3章第4節で詳しく説明）。物理的な力を利用するものには、風散布、水散布、自発散布型種子があり、それぞれ異なる種子の形態や性質を持つ。風散布種子は、果実や種子の一部を羽や羽毛のようにして風に種子を運んでもらう。水散布種子は、スポンジ状や水に浮くような種子または果実をつける。自発散布種子は、果実が弾けて種子を飛ばす。

この地域の優占種であるモパネは、雨季の終わりに薄っぺらい鞘状の種子をつける。この種子の形態は羽や羽毛をつけた典型的な風散布種子とはいえないが、モパネの種子は風によって運ばれる風散布種子に分類されている。雨季の終わりから乾季のはじめに大量に実るモパネの種子は、風に運ばれ、くぼ地や木の根元などに吹き溜められる。それらの種子は次の雨が降ると一斉に芽を出す。雨季のはじめには、場所によっては足の踏み場もないほどのモパネの実生が芽を出すものの、シロアリ塚で芽を出した実生は見たことがない。そもそも、塔のようなシロアリ塚の形態は、種子がそこに留まることが困難である。加えて、オンバズ村周辺に出現する樹種は、モパネを含めて風散布型の種子をつける樹種が多いため、塔のようなシロアリ塚に種子が落ちることがほとんどないのだろう。

種子が到達しないことにはシロアリ塚に実生が定着することはないのだが、もしも何らかの形で植物の種子がシロアリ塚に到達したとしても、種子がそこで発芽し、定着することは難しいのだろう。そう考える理由の一つは、先述のシロアリ塚の硬さだ。シロアリや植物の種は異なるが、オーストラリアで行われた研究からも、実際に、シロアリ塚が硬いために発芽した植物の根が伸長できず、植物の定着が阻害されたことが報告されている。[11] 植物がシロアリ塚に定着できない要因には、この他にも、例えば水分条件や土壌の成分なども考えられ、より詳しい調査が必要である。だが、オンバズ村では、風散布型の樹木が多く、凸型のシロアリ塚に種子が到達しにくいことに加え、シロアリ塚の表面は非常に硬く種子の定着には不適というように、何重にもシロアリ塚で植物が更新しにくい条件が重なっている。

シクンシ科の*Combretum imberbe*（上）と*Terminalia prunioides*（下）

その一方で、次章を読んでもらえればわかるが、別の地域では、同じような硬い「土の塔」のシロアリ塚にも定着する樹木がある。これらのことから現在は、シロアリ塚に木が生えるかどうかは塚の形態と植物側の特性（種子の散布様式や根の特性）の組み合わせが重要になってくるのではない

一面に広がるフェアリーサークル
（水野一晴氏撮影）

燥した地域において、シロアリの生存を可能にし、さらに裸地周縁の草本の生育を促進する。こうして形成されたフェアリーサークルは、シロアリや草本を餌とする動物に加え、それらの動物を捕食する動物も訪れる“小さなオアシス”になる、という。しかしこの論文では、砂シロアリと円形の裸地との関係は、実証できていないままであった。

そして2017年、ついにこの議論に決着をつけた、とする研究が発表された[14]。この研究では、これまで競合してきた二つの説、①植物のスケール依存性のフィードバック（植物個体同士の関係において、近接する個体とは共生関係、遠隔の個体とは競合関係が生まれること）と②シロアリやアリ、げっ歯類などの活動をモデルシミュレーションに組み込み、ナミビアのフェアリーサークルの野外データを用いて検証した。その結果、上記の二つが合わさった時に初めて、フェアリーサークルのような規則的なパターン、つまり植物の自己組織化が説明できることが示された。

Column 3

〝妖精の輪〟の謎、ついに解明？

ナミビア×シロアリといえば、フェアリーサークル（妖精の輪）だろう。フェアリーサークルとは、直径2〜35 mの円形の裸地を背の高い草本が取り囲むもので、ナミブ砂漠とグレートエスカープメントの境界にあたる年降水量50〜100 mm、標高500〜1000 m、海岸線から60〜120 kmの範囲にだけ出現する。

フェアリーサークルの成因については、シロアリ塚の化石説、シロアリの一種による草本種子の除去説、植物が出すアレロパシー物質説、地中から発生する放射能説、植物の自己組織化説など、これまでいくつもの説が提唱されてきた。研究が進み、説が絞られていく中[12]で、有力な説として議論が続いてきたのが、植物の自己組織化とシロアリを含む土の中に暮らす生物の二つだ。

2013年にはアンゴラから南アフリカにかけて、1200個のフェアリーサークルが調査され、ほぼいつも発見される唯一の生物が砂シロアリであることと、地下の浅い範囲に微細なトンネルが形成されていたことから、以下の過程が示された[13]。まず、砂シロアリが地下の浅い範囲にトンネルを掘る際、草本の根を傷つけるため、巣から一定の範囲に円形の裸地ができる。草本によって水分が吸収される草地に比べ、裸地からは多くの雨水が地中に浸透し、その水分は、年降水量100 mm程度の極度に乾

かと考えている。

空腹との闘いの日々

何度も日本とナミビアを行ったり来たりする生活を続ける中、初めは見ず知らずの地だった場所に友人ができ、言葉も多少わかるようになり、村での生活の〝コツ〟も徐々に掴めてきた一方で、なかなか慣れず行くたびに苦労するものの一つが食事だ。オンバズ村での毎日のご飯は、シマと〝オマヴェレ〟と呼ばれる酸乳だ。シマは、トウモロコシやモロコシの粉を熱湯で練って作る〝練がゆ〟と呼ばれるもので、アフリカの多くの地域（材料は地域によって異なる）で主食になっている。シマの材料となるトウモロコシやトウジンビエは木の杵と臼でつくか、石のすり鉢で挽いて粉にするため、調理には時間がかかる。女性たちは、朝起きてすぐに食事の支度を始めるが、でき上がるのはお昼近くになる。必然的に食事は昼と夜の二食になる。

オンバズ村の人たちは牧畜を主な生業とする、いわゆる牧畜民である。家畜として牛・ヤギ・ヒツジを飼養しており、ゼンバの人たちは小規模だが農耕も行っている。この地域の気候は、明瞭な雨季（一一月〜三月）と乾季（四月〜一〇月）に分けられ、年降水量は三五〇ミリメートル以下と非常に少ない（因みに東京の年降水量は一五〇〇ミリメートル程度）。雨季であっても雨は数日に一度、短時間ざっと降るのみで、乾季の間は半年以上、雨は全く降らない。ゼンバの人たちは畑にトウモロコシやトウジンビエ、カボチャ、マメなどを植えるが、こんな乾燥した地域なので、農作物の収量は多くない。収穫を間近に控えた雨季の中盤でさえ、畑はこれが畑かと目を疑うほどスカスカだ。

それでも収穫期から数か月間は自分たちの畑の作物を食べられる。だが、それ以外の期間は政府から配給されるトウモロコシに頼るか、家畜の牛やヤギを売ったお金で〝オヘンガ〟と呼ばれるトウモロコシの粉を買う。私が調査地を訪れるのは、木々に葉が茂り、多くの植物が花を咲かせる雨季のはじめが多い。樹木の同定は、葉っぱがないとほとんど無理だし、花があればより容易で正確になるからだ。だがこの時期は、作物の植え付け前、もしくはちょうど植え付けを始める時期にあたる。畑の収量は少ないため、私がオンバズ村を訪れる時、前年の作物が残っているなどということはなく、その年の作物もまだできていない。

酸乳(左)とトウモロコシのシマ(右)

副食のミルクや肉をもたらす牛やヤギは、この地域の人たちにとっては財産でもある。家畜のミルクは日常的に利用するが、肉を食べるのは特別な日か、家畜が病気などで死んでしまったときだけだ。オンバズ村では、一家に数百頭が普通、中には数千頭を飼育している〝お金持ち〟もいる。男性の場合、せめて数百頭の牛を持っていないと結婚も難しいと聞いた。滞在当初、村のみんな

農作業の間、子どもたちはお手伝いをしたり、遊んだりして一日畑で過ごす。

が私のことを何者か探っていた中で、幾たびも、「チサトのうちには牛は何頭いるのか?」と聞かれた。「一頭もいない」と言うと、「えっ⁉ この子の家、牛一頭もいないって言ってるけど⁉ 大丈夫?」と憐みの目で見られていた。

家畜の世話は、乳しぼりを含めて男性の仕事である。ヤギの放牧は、牧夫の少年や青年によって行われる。毎朝、ヤギたちは牧夫に連れられて〝山〟に行き、草を食み、湧き水で水を飲み、夕方、牧夫とともに帰宅する。一方、牛の放牧に牧夫は同行しない。朝、牛囲いから出された牛たちは勝手にどこかに行き、餌と水を補給して勝手に戻ってくる。すごい方法だが、牛の自主性に頼り切ったやり方だ。牛たちは、大抵は夕方になると母牛を先頭にして戻ってくる（母牛は授乳のために仔牛の待つ囲いにきちんと帰ってくる）が、数日戻らないこともある。牛が帰ってこなければ、当然、ミルクも絞れない。

こんな状態なので、日々の食事もシマのみ、酸乳のみ、最悪どちらもない、なんてことがしばしば起こる。例えば、初めてのアフリカ滞在が終わりに差し掛かった二〇〇七年の一月五日から二月四日の一か月間、昼・夜ともにシマだけだった日は七日、昼または夜のみの一食（なおかつシマだけ）だった日は三日あった。シマがあればいいじゃない、と思うかもしれないが、やはり白飯だけとはわけが違う。お腹はぺこぺこだが、味がなく、もっちりどっしりとしたシマだけだとなかなか喉を通らない。塩や砂糖、〃オシュオテイター〃と呼ばれる魔法の粉（粉薬くらいの量で約三リットルの甘すぎる蛍光色の液体ができるジュースの素）があれば、まだまし（これらの調味料は町でお金を払って購入するものなので、常時あるものではない）。これらとシマを混ぜて口に押し込み飲み込む。一度、「とっておきの時に！」と思って日本から醤油を持ち込んだが、期待とは裏腹に醤油とシマは合わず、小さな醤油のボトルはほとんど減らずに持ち帰った。常時利用可能なヤギのミルクも飲むことはあるが、非常時かつ子ども用で、大人はほとんど口にしない。私は空腹に負けて一度飲んだが、体中に蕁麻疹が出て、村の家族に「チサトはヤギのミルク禁止」と言い渡された。

それでもそれしかない生活を続けるうちに、はじめの頃の「納豆ご飯が食べたい」「味噌汁が飲みたい」が、次第に「何か食べたい」「何でもいいから食べたい」に変わり、滞在数か月目には、できたての温かいシマと二日目くらいの酸乳を混ぜた〃オンタークウェ〃が脳裏に浮かぶようになる。酸乳は牛やヤギなどの家畜のミルクを発酵させた、いわゆる発酵乳である。牛から絞った生乳をひょうたんの容器に入れ、数日かけて発酵させて作る。継ぎ足し継ぎ足し作るので、前回の酸乳の残りがスターターとなり、乳酸発酵が進む。そのため、日の浅い酸乳はただの牛乳で、日が経つにつれて酸っぱくなっていく。二日目くらいの酸乳がほどよい酸味で美味しい。また、ひょうたん内部の乳酸菌が微妙に異なるのか、酸乳の味は家庭ごとにだいぶ違う。一度、よその家で酸乳をご馳走になり、〝家の味〟との違いに驚いた。ここでは酸乳が家庭の味だ。

その土地の気候や生活様式に合ったその土地の食事ということなのか、単に私の脳が諦めたのかわからないが、こんな風に、空腹や食事の味にはある程度慣れていける。だが、野菜とタンパク質不足は本当に体にこたえる。空腹で力が出ないのとはまた違い、体が機能しなくなる感覚に襲われる。先の一か月間に食べた野菜は、一回の〝雑草〟（オンビディという畑に生える草）と二回の町で買った玉ねぎのみ。雨季の真っただ中、作物はできていないものの、雑草はいち早く畑に生え出すため、それが食卓にのぼる。タンパク質に関しては鶏肉を六回、牛肉を一回、一かけらもらった。ニワトリは食料が尽きた時に最終手段として食べることがあるが、先に書いたように、牛やヤギの肉は特別な日以外には食べない。なので、ここで食べた肉はほとんどすべてよその家から分けてもらったものだ。分けてもらった少量の肉を、さらに数十人の家族で分けるのだから、私の取り分は本当に一かけら、一口サイズだ。それでもさらに、普段は肉などかけらももらえない子どもたちは、私が食べる一かけらの肉に付いた骨を予約しに来る。そして、文字通り骨の髄まで、というか骨もすべて食べてしまう。こんな状態なので、お正月やクリスマス、イニシエーション（通過儀礼）など、年に数回の特別な日をみんな心待ちにしている。

二〇〇七年の一月一日。アフリカで迎える初めてのお正月。何週間も前から子どもたちに毎日「お正月にはお肉がお腹いっぱい食べられる」と呪文のように聞かされ、それはそれは楽しみにしていた。待ちに待った元日のお昼近く、朝からさばかれ調理されていた家畜のお肉がそろそろでき上がる頃。何だか体がおかしい。異常な寒気に襲われ、体の節々が恐ろしく痛い。座っていることもできず、自分の小屋によろよろと戻った。マラリアだった。

マラリアはマラリア原虫を媒介するハマダラ蚊に刺されることで感染する病気だ。熱帯・亜熱帯を中心に見られ、アフリカでは一般的な病気だが、重症化して死に至ることもある。村の人たちは、病院にも行かずに押さえ込んでしまうことがほとんどだが、私は薬を常備している。マラリアの薬は、治療薬としてだけでなく予防薬として飲めるものもあるが、予防薬としては三か月以上継続して飲めない。加えて、継続して飲んでいると幻覚や幻聴といった副作用が出ることがあると聞き、私は治療薬としてしか使っていない。もちろん、オンバズ村から最も近い町であるオプウォには病院がある。だが、私にはマラリアに罹りながら、数時間かけてヒッチハイクをして病院までいく自信はない。さらに、苦労して行っても、いつも大混雑の病院では長時間待たされる上、地方都市の病院では薬や設備が乏しいため、満足な治療が受けられる可能性は低い。そのため、いつも私は自分でマラリアか否か判断して薬を飲む。しかし、このマラリア薬、値段が高い上に一回の治療で一箱を飲み切る必要がある。マラリアに罹っても抗体ができるわけではないため、特に長期滞在時には、何度も罹患する可能性がある。薬を無駄にしないためにも、本当にマラリアかどうか見極めることが重要になる。

二〇〇七年のこの時は、初めてのマラリアだったこともあり、高熱で意識が朦朧とする中、なかなか判断できず（今でも毎回異なる症状に判断を迷うが）、発熱後四日目に、辛すぎて半ばどうでもよくなって薬を飲んだ。薬を飲むと嘘のように体は楽になり、薬をひと箱飲み切った三日後にはすっかり元気になった。だが、結局、お祝いのヤギ肉は食べられなかった。アフリカで初めて迎えた、お肉が食べられなかった、死ぬかと思った、このお正月のことはきっと生涯忘れないだろう。

こんな風に、肉や野菜は特別な食べ物であり、日常的にはシマと酸乳が毎日毎食繰り返される。村の人にはこれが日常なので何ともないが、私はそうはいかない。うだるような暑さと空腹と栄養不足が合わさり、しばしば打っ倒れそうになる（というか打っ倒れる）。ご飯は食べているのになぜか体が動かないことが続き、ある日ビタミン剤を飲んでみたら、なんと！　体が嘘のように軽くなり、元気に動けるようになった。こんな生活を続け、初めてのアフリカ滞在六か月間で私の体重は一〇キロ以上軽くなった。といっても、村には手鏡しか持ち込んでいないため、この半年間ほど自分の姿はほぼ見ていなかった。何となく腕が細くなったなとは思っていたが、帰国する際、首都のショーウィンドウに映った自分の姿が見たこともないほどスリムで驚いた。

こんな村での生活で、今空腹であるという苦しさよりも、明日になっても食べられるかわからないという方がよほど苦しいことを初めて知った。そんな中でも、私が最初に覚えた言葉は「お腹減った（バトンジャラ）」ではなく、「お腹いっぱい（ベクタ）」だった。「お腹減った」は言ったところでどうにもならないが、「お腹いっぱい」は言わないと食べられない量を与えられるのだ。ある時にはお腹がはち切れるほど食べ、ない時には何日間も食べない、という食べ方には未だに慣れない。

この〝ある時に食べる〟は家族全員の満腹だけに留まらず、というか、家族の満腹は差し置いてでも、村の内外からの客人に向けられる。今、全部食べたら、夜ご飯、明日のご飯はないとわかっていても、客人があればありったけの食べ物を提供する。それがいつか自分たちに返ってくる「共同体の安全保障」のようなものだとわかっていても、私は目先の空腹に目が眩んで歯がゆい気持ちになってしまう。この村のこんな食糧事情や人びととの慣習を知っているからこそ、二〇〇九年の二月、オンバズ村での二回目の滞在（七か月間）を終え、帰国する際、お父さんがペットボトルに入れて持たせてくれた酸乳は、何にも代えがたいお土

村を出る日、お父さんが持たせてくれた酸乳。ペットボトルは私が持ち込んだもの。

産だった。もう来ない人ではなく、ようやく共同体の一員として認められたように感じられた瞬間だった。その晩、町のホテルで、「今夜みんなのご飯は足りたかな?」と、家族の面々に思いを馳せながら飲んだ酸乳は、酸っぱさが増してはいたものの〝いつもの味〟だった。

4 憧れの「シロアリ塚の森」を探しに

二〇〇六年八月から半年間にわたってオンバズ村に滞在し調査をした私は、ここでの調査結果をもとに予備論文(修士論文にあたる)を提出した。指導教員の方針で予備論文は二年で提出することが決められていたため(大抵、大学院の修士課程は二年と決まっているが、私の所属していた博士一貫課程の大学院では、博士論文の準備段階として予備論文があり、提出時期は任意だった)、一回の調査で得たデータで何とか論文を書いた。だが、正直、一回の調査ではまだまだわからないことだらけで、未消化だった。そのため、修士論文を終えた博士一年目には、再度オンバズ村に七か月間ほど滞在し、調査をした。この二回目の調査では、不足していたデータを収集し、最低限、残されていた課題は解決した。しかし、目の覚めるような発見があったわけでもなく、研究のおもしろさというものをまだ十分に感じることができていなかった。

その一方、研究を進める中で、遅ればせながらシロアリ塚についての先行研究を手当たり次第に読み、アフリカの他の地域では、シロアリ塚の上に周囲に比べて多様な植生が形成される例があることを知った。この〝シロアリ塚が豊かな森を生む〟という現象が何とも魅力的に思え、私は密かに憧れを抱いていた。ナミビア北西部での調査に行き詰まりを感じていた私は、思い切って調査地を変え、憧れの「シロアリ塚の森」の調査をしてみることにした。

まずは、調査地候補を見つけるため、関連文献や先輩たちから情報収集をした。すると、これまで研究は行われていないものの、ナミビア北東部のザンベジ州（当時のカプリビ州）にも、憧れの「シロアリ塚の森」があるらしいことがわかった。ザンベジ州は、ナミビアの最も内陸部に位置し、年間七〇〇ミリメートルに達する降水量、大きな河川や湖など、オンバズ村周辺とは対照的な〝豊かな〟地域である。これを聞いただけでワクワクする。だが、そこは首都からも、オンバズ村からも一〇〇〇キロメートル以上離れた場所にある。ナミビアは公共交通機関があまり発達していないため、自家用車がない場合、地方へ行くには〝コンビ〟と呼ばれる乗り合いの車を使う。だがこのコンビ、乗り場が町はずれな上に、行先によって乗り場が違っていたり、満員にならないと発車しないため、出発・到着時間が全く読めなかったり、慣れないとなかなか使うのが難しい。どうしたものかと考え、車を持っていた先輩に調査地探しへの協力をお願いした。そして二〇〇九年一〇月、同行を快諾してくれた先輩とともに、ナミビアで最も内陸の州に調査地を探しに向かった。

この二回目の調査地探しでは、事前に首都の農林水産省で、訪問先であるザンベジ州の州都カティマムリロの森林局に勤める職員を紹介してもらった。そして数日かけて一〇〇〇キロメートル先のカティマムリロに着くと、森林局でその職員を訪ねた。ザンビア人の豪快なおじちゃんで、快く調査に協力してくれた。彼に調査の目的とそこに半年程度、ご飯も寝るところもすべておんぶに抱っこで滞在したい旨を伝える。彼は仕事で関わっていたいくつかの村の中で、「あいつは信頼できそうだ」という人を何人か候補に挙げ、村まで同行して滞在をお願いしてくれた。「トントン、泊めてくださいな」方式で村に転がり込むことは二回目とはいえ、これまで調査してきた地域とは言葉も環境も大きく違う。首都からの距離でいうと、オンバズ村もカティマムリロも同程度の〝僻地〟だが、カティマムリロの位置するザンベジ州は、いくつもの国境に囲まれ人の出入りの激しい地域である。治安もあまり良くないと聞いていた。「シロアリ塚の森」の調査に期待が膨らむ一方で、調査に適した場所を見つけられるか、ここに馴染めるか、不安ももちろんあった。

だがある村を訪れた時、ケラケラとよく笑う明るいお母さんと、キラキラした目で私を見上げ、足に抱きついてきた三歳の女の子に出迎えられ、即座に調査する村を決めてしまった。そして、そのまま三か月間、この村に住み込み調査をした。こんな風に二回目の調査地探しは、地域が限定されていたこと、事前に当てになる人を紹介してもらっていたことで、数日ですんなり終わった。こうして初めてアフリカの地を踏んでから三年後の二〇〇九年一〇月、私は「ムヤコ村」を新たな調査地として調査を始め、現在まで何度もこの場所を訪れて調査を続けてきた。

3章

森を支える小さな丘

ムヤコ村の周りには、見上げるほどのモパネが見渡す限りどこまでも続くモパネウッドランドが広がる。モパネばかりの単調でスカスカな疎林の中を歩いていると、突如こんもりと木々の生い茂る「森」に出合う。社寺林や屋敷林みたいで、何だかほっとする。「森」の中を覗くと、その「森」が直径数十メートルもある〝丘〟の上にできていることがわかる。これまでの研究によって、この丘も実はシロアリ塚であること、さらに驚くことに、元はオオキノコシロアリの造った「土の塔」であったことが示されている。[1][2]「土の塔」は、高さが三メートル以上もある細長い塔で、植物はなく〝裸〟のものが多い。一方の丘は、直径一〇メートル以上のマウンド型で、こんもりとした森に覆われている。あまりにも違う「土の塔」と「シロアリ塚の森」。ここでは、この全く異なる形態をもつシロアリ塚が共存している。見ただけでは両者が連続的なものだとは想像もできない。だが、オオキノコシロアリの造った「土の塔」のような細長いシロアリ塚が、長い年月をかけて形を変え、その上に木が生え、「シロアリ塚の森」になるというのだ。

このような「シロアリ塚の森」はアフリカ各地で見られ、その森には周辺に比べて多くの種の植物が高い密度で生育することが指摘されている。では、この「シロアリ塚の森」はどうやってできるのだろうか？　これまでの研究から、「土の塔」から「シロアリ塚の森」への変化は、かなり長い年月をかけて起こると推測されてきた。しかし、長い時間がかかることに加えて、非常に複雑なプロセスであるため、「シロアリ塚の森」がどうやってできるのかは、これまでよくわかっていなかった。

高木モパネが疎らに生育する見晴らしのいい林。

疎らなモパネの木々の間に突如、こんもりとした森が現れる。

シロアリ塚に乗った木

背の高い樹木（ヤシ）の下にシロアリ塚が造られ、その下の木（サルバドラ）はシロアリ塚に乗っている。

さらに、ムヤコ村でシロアリ塚を見てまず驚いたのが、シロアリ塚に木が乗っていることだった。一見しただけではわからないこともあるが、「土の塔」の中腹から木の根っこが飛び出しているものを見つけたことで、シロアリ塚ができた後に、その上に木が生えたものであることがはっきりした。中にはオンバズ村周辺のように、木がシロアリ塚に埋もれたものもあるが、分布するシロアリ塚の数の三%にも満たず、大部分は明らかに木がシロアリ塚の上に乗っている。ということは、ここではシロアリ塚が先にあり、そこに樹木が乗り、それが次第に「シロアリ塚の森」へと変化していく、ということになる。これまでの先行研究では、丘のようなシロアリ塚が「土の塔」を起源とするものであること、さらには、「シロアリ塚の森」が周辺に比べて種多様性の高い森であることは示されていた。だが、「土の塔」から「シロアリ塚の森」へと変わるその過程については、ほとんどわかっていなかった。そこで、この著しい変化の過程を一つずつ紐解いてみることにした。

1 〝カラハリ砂漠〟の中の村

白砂の緑豊かな大地

私の第二の調査地となったムヤコ村。周りを見渡すと、白砂に覆われた平坦な大地がどこまでも続いている。背の高い木々が青々と茂り、大きな河川が幾筋も通り、カバやワニなどの水辺の生き物たちも生息している。ここには〝乾燥したナミビア〟とは違う世界が広がっている。

ナミビアの北東部には、〝カプリビ回廊〟と呼ばれるフライパンの柄のように細長く東に飛び出た領土があり、ムヤコ村はその先っぽに位置している。海岸部で年間数十ミリメートルだった降水量は、内陸に向けて徐々に増加し、ナミビアの最も内陸部に位置するこの地域では七〇〇ミリメートルに達する（図4）。一一月から三月が雨季、四月から一〇月が乾季にあたり、ここでも乾季の半年間、雨は全く降らない。アンゴラから流れ込むリニャンティ川（ムヤコ村から三〇キロメートルほど東でチョベ川へと名前が変わり、カプリビ回廊の最先端でザンベジ川と合流する）、ザンビアから流れ込むザンベジ川などの大きな河川に囲まれ、村の西側には年中水を湛えたリャンベジ湖がある。最暖月は九月で月平均気温は約三五度、最寒月は七月で月平均気温は五度以下まで下がる。月平均気温が五度以下というと、東京の真冬と同じくらいの寒さだ。私はこの寒い時期に村に滞在していたことはないが、比較的暖かい雨季の一一月や一二月でも、日が落ちると長袖が必要なくらいひんやりとする。

ムヤコ村周辺の大地が白く平坦なのは、ここがカラハリサンドと呼ばれる砂の層が堆積した地域にあたるためだ。アフリカ南部の地形は、二億年前の地殻変動によって相対的に高くなった大陸周縁部（グレートエスカープメント）が内陸の盆地を取り囲むような形になっている。この盆地には、周

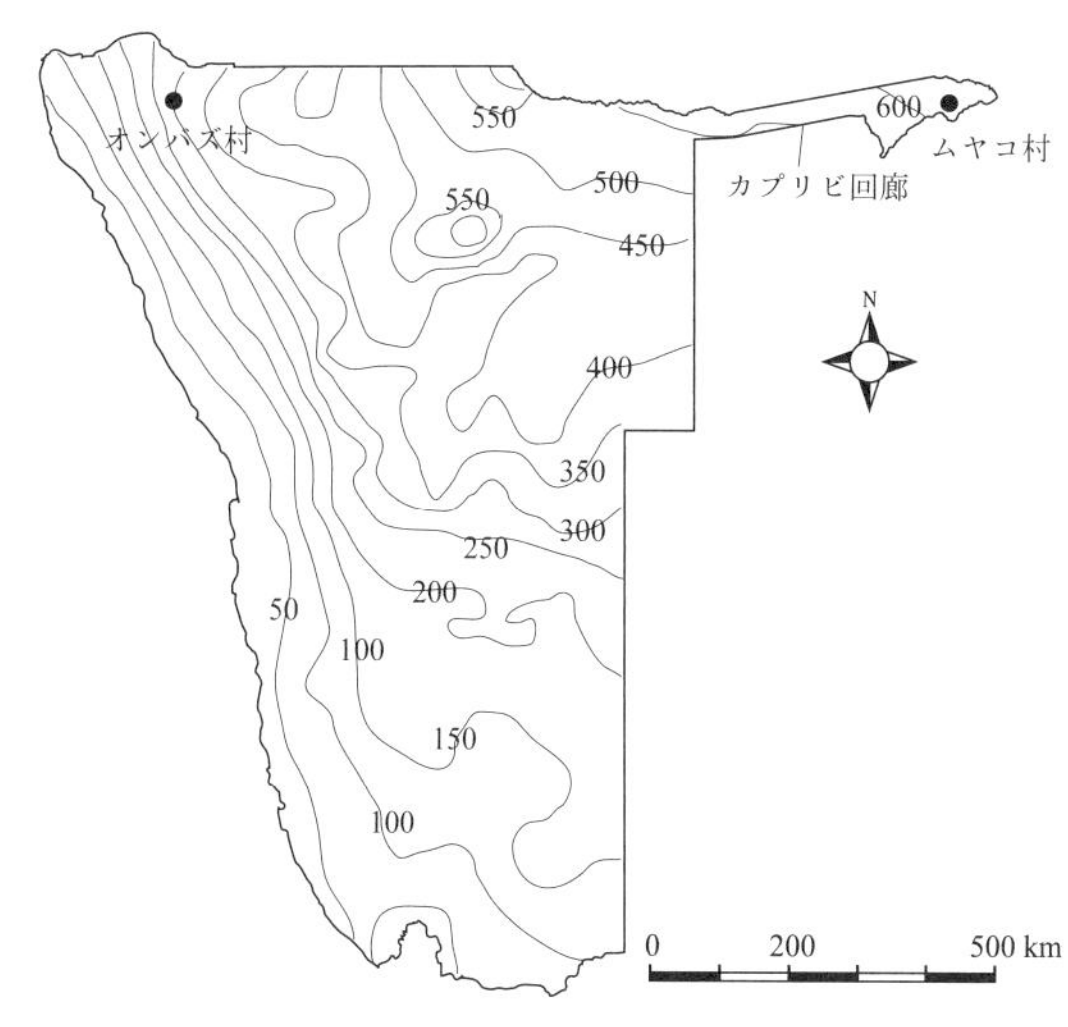

図4　ナミビアの降水量（mm／年）

ムヤコ村の人びとはこの湖で水汲みや洗濯、漁労を行う。

囲の高地から運ばれた砂が堆積し、厚さ三〇〇メートルにもなる風成堆積物の層を形成した。この砂の層は、カラハリサンドと呼ばれている。カラハリサンドは、周囲の高地の地層を反映して、その九〇%以上が石英で占められている。石英は二酸化ケイ素が結晶化した鉱物で、無色から白色のため、この地域の地面は全体的に白っぽい。カラハリサンドの堆積した地域はカラハリ砂漠とも呼ばれるが、砂漠といっても、現在は最も少ない地域でも年二〇〇ミリメートル以上の降水があるため、大部分は疎らな植生が見られるサバンナやステップに分類され、森林が分布している地域もある。

ナミビア中部の首都からカプリビ回廊へと向かう一二〇〇キロメートルほどの道中、車窓の景色は徐々にだが劇的に変化する。茶色く荒涼とした大地に疎らにしか生育していなかった低木は、徐々にその密度を増し、樹高を増し、種数を増やし、濃い緑へと変わっていく。オンバズ村と同様にモパネ植生帯に位置するものの、ムヤコ村は樹高五メートルを超える幹の太いモパネが林立するモパネウッドランド（Mopane woodland）にあたる。加えて、河川や湖の周辺には局所的にアシなどの草本が繁茂する氾濫原やさまざまな樹種が混在する河畔林が見られる。ムヤコ村では、リャンベジ湖畔の一部にマメ科の *Dichrostachys cinerea* を主な構成種とする林がある。モパネウッドランドと *D. cinerea* の林の二つはどちらも一ヘクタールあたり一〇〇〇本ちょっとの樹木が出現するが、景観は全く異なる。モパネウッドランドでは、背の高い単幹のモパネが優占するのに対して、湖畔の林では、樹高二メートル程度の *D. cinerea* が九割以上を占める。*D. cinerea* は灌木で、枝には長さ五セン

湖畔にはモパネ林とも「シロアリ塚の森」とも異なる植生がある。

チメートルほどの鋭い棘をたくさんつけている。そのため、木々の間を通り抜けるのは困難で、人も家畜も基本的にこの林を迂回する。

ナミビアの端っこ

ムヤコ村はザンベジ州の州都カティマムリロから四〇キロメートルほど南東に進んだ先に位置している。ボツワナとの国境までは直線距離で一〇キロメートル弱、ザンビアまでは四〇キロメートル、ジンバブウェまでは八〇キロメートルほどに位置し、人や物の出入りが激しい地域である。ナミビアの首都からカプリビ回廊を通過してザンビアのビクトリア滝までいく大型バスが、多くの観光客を乗せて通過したりもする。ナミビアでは珍しい露店も多く、ナミビアっぽくなくごちゃごちゃとした雰囲気がある。アフリカをよく知る人には、カプリビの活気など

手製のカヌーで魚獲り

カヌーの中には、今日の収穫である“エンスィ”。

まだまだ物足りないだろうが、人のほとんどいない簡素なナミビアに慣れている私にとっては、カプリビを訪れて初めてイメージしていたアフリカっぽさを感じた。

アンゴラ、ザンビア、ジンバブウェ、ボツワナと四つの国に囲まれたこの地域には、周辺の国や地域に出自を持つ人たち（カプリビアンと呼ばれる）が暮らし、ナミビアの中でも特に多様な言語や文化が溢れている。人の出入りが激しいことに加え、この地域に暮らす人びとによる自治を求める動きがあり、ナミビアの中では治安の悪い地域とされる。

ムヤコ村の人口は約一八〇〇人で、バントゥー系のスビヤを中心に、少数のブッシュマンやアンゴラ、ボツワナ出自の人びとが暮らしている。村の人びとは、農耕を主な生業とし、少数の家畜を飼養している人もいる。リャンベジ湖での漁労も盛んで、アカシアの一種から作られるカヌーに乗り、網漁でナマズや〃エンスィ〃と呼ばれる魚を捕まえている。このムヤコ村で私は、初めて訪れた際、明るいお母さんと人懐っこい女の子が迎えてくれたスビヤの家族宅に居候して調査をしている。

2 ムヤコ村で調査をする

村に持っていくもの

二〇〇九年にムヤコ村で調査を始めてから現在まで、私は調査のためにこの村と日本を何度も行き来してきた。最初にムヤコ村を訪れた時には、先輩の車で送ってもらったが、二回目以降は、一人車を乗り継いで村まで通っている。ムヤコ村へは、まず、夕方首都からザンビアに向かう大型バスに乗り、約一〇時間かけてカティマムリロまで行く。早朝、まだ暗いうちにカティマムリロに着く。そこで町が目覚めるのを少し待ってから、ムヤコ村行きの〃コンビ〃を探す。コンビを見つけても、コンビは空席があると出発しないので、お客が集まるのをひたすら待つ。出発してしまえば、一時間ほどでムヤコ村まで到着できる。夕方首都を出発し、ムヤコ村に着くのは大抵翌日の夕方。丸一日がかりの大移動になる。ナミビアはアフリカの中では比較的治安のいい国といわれているが、バスやコンビの乗り場などは多くの人がいるので気を抜けない。できるだけ荷物は少なく身軽でいたい。とはいえ、調査道具は削ることができないので、日用品や私物は厳選に厳選を重ね最小限に留める。

私が村で生活するにあたって欠かせないものの一つはテントだ。ムヤコ村は、初めの調査地であったオンバズ村に比べて、降水量も多く、周辺に河川や湖もある。当然、蚊も多く、マラリアの感染リスクも高い。初めてのアフリカ滞在時に、オンバズ村でマラリアに罹患したといったが、私はどうもマラリアに罹りやすい体質なのか（そんな体質があるとは思えないが）、これまでの一〇回を超えるアフリカ滞在中、ほとんど毎回マラリアに罹っている。とても辛いので、対策はしっかりとしている（つもりなのだがどうしても罹ってしまう）。対策のひとつは、虫除け。肌が荒れるので日本では決して使わない強力な虫除けを、夕方水浴びをした後でさえベタベタと塗っている。そしてもう一つがテント。ムヤコ村に滞在中、夕方以降に出没するマラリア蚊を避けるため、私は子どもたちの寝ている小屋の中に、蚊帳代わりに一人用のテントを立てて寝ている。雨季の暑い夜などは、風の通らないテントの中はまるで蒸し風呂のようで、滝のような汗をかきながら寝ることになる。こんな思いをしてもマラリアを防げないのは悔しい限りだが、始終誰かに干渉される村での生活の中で、テントの中の一畳ほどの空間が唯一私だけのものといえる場所でもある。

他にも生活に必要なものはたくさんある。中でも重要度ランキングの上位に位置するのが腕時計だ。毎回、村の人へのお土産用と合わせて複数の時計を荷物に入れる。村の人たちにとって正確な時刻を知ることはあまり重要でないようだが、正装の品格を上げるのに腕時計は重要なアイテムの一つになる。自分用の腕時計は、大抵一つだけ。左手首に付けた腕時計は日本を出発してから帰国するまでほとんど外さない（ので、〝時計焼け〟は数か月間消えない）。日本では街の至るところに時計があるし、新聞やテレビ、携帯をみればいつでも正確な日時が即座にわかる。しかし、村ではそうはいかない。村に滞在中、私にとっても正確な時刻というのは、ほとんど意味のないものになるが、日付は重要だ。気を抜いていると、今日が何日なのかすっかりわからなくなってしまう。毎晩、寝る前にフィールドノートに書き写したカレンダーの日付を一つずつ消すことを日課にしているが、それだけでは心もとない。携帯やパソコンも持ってはいくが、村に電気は通っていないので、持参したA4サイズのソーラーパネルで充電して、使用時のみ電源を入れる。もちろん、時間を知るために携帯やパソコンの電源を入れるなんてもったいないことはできない。すべてがアフリカンタイムにどっぷりと浸かった村での生活の中、腕に付けた時計だけが世界共通の日付を教えてくれる唯一の存在になる。

村に滞在中は蚊帳の代わりに、小屋の中にテントを立てて寝ている。

これらの必需品、調査道具、日用品、村の人たちへのお土産など、最小限に留めているとはいえ、いつも荷物は大量になる。これらのたくさんの物を、背中に背負う六五リットルの大きなリュック、お腹側に抱える二〇リットルほどのリュック、手に持つ小さなスーツケース（村に滞在中、金庫代わりにもなる）、肩に掛けるカバン（パソコンなどの貴重品を入れる）に分けて詰め込む。さらに、村に入る直前の町で、かさばったり重かったりするトイレットペーパー、お風呂兼洗濯用の桶、水汲み用のタンク、家族への食糧を買い込む。それらすべてを桶に入れ、アフリカのお母さん風に頭に載せ、よろよろしながら村に向かう。こんな格好でよろよろ歩いていると、特に地方ではすぐに男の人が声をかけてくる。大抵の場合、チップを要求してくるなどということはなく、ただ「荷物を持ってあげる」と親切心で声をかけてくる。実際に荷物を持ってくれるので、とても助かるのだが、必ず面倒もついてくる。「電話番号を教えてくれ」「結婚してくれ」だ。初めはかなり驚いたが、毎回毎回なのですぐに慣れてしまう。心に余裕のあるときには、「私携帯持ってないんだよね」とか「えっ結婚したいの？　じゃあ、牛は何頭持ってるの？　あ〜私牛何頭以上持ってる人じゃないとダメなんだ」などとのらりくらりかわして楽しんでいる。

スーパー助手、カソコニャ

最初の調査地であるオンバズ村では基本的に一人で調査していたが、ムヤコ村ではいつも助手をしてくれるカソコニャとともに調査をしている。オンバズ村には、普段、就学前の子どもたちとお年寄りしかいないため、頼もうにも助手になってくれる人がいなかった。一方、ムヤコ村は、村の中に学校があること、農耕や漁労といった生業に加え、村人同士で賃金労働を頼み合うピースワーク（小規模な現金稼得活動）という仕事のやり方が一般的であるなど、村に調査の助手を頼める人材が多くいる要素がいくつも揃っていた。カソコニャも、日々農耕やピースワークを行う一人で、私が村に滞在中は、仕事の合間を縫って調査を手伝ってくれている。彼は、ムヤコ村で私が居候している家族のお父さんの異父兄弟で、それぞれ家族をもち、隣同士で暮らしている。

カソコニャは、私との性格の相性も含めてスーパー助手である。彼なしに、ムヤコ村での私の調査は成り立たない。調査に出掛ける時は、まず前日にカソコニャと次の日どちらの方向に調査に行くか作戦会議をする。彼は家畜探しや隣村への訪問などでこの辺りを隈なく歩いているため、村周辺の環境をほぼすべて把握している。流石にどこにシロアリ塚があるかまでは詳細には覚えていないことが多いが、調査済みの場所、シロアリ塚がありそうな場所、その他もろもろの条件を合わせて考え、行く方向の候補を挙げてくれる。大抵は「じゃあ、明日は〝◯◯（地名）の方向〟に行こう」のように決まる。

そして、早朝。日の出前の薄暗い中、〝◯◯の方向〟へ歩き出す。ここでも、ご飯は昼と夜の二回なので、朝は起きて顔を洗えばすぐに出発できる。◯◯に行くことが目的ではないので、道中シロアリ塚を探しながら、あっちに寄り道、こっちに寄り道しながら進んでいく。モパネの疎林が広がるこの地域で、「シロアリ塚の森」は簡単に見つかりそうなものだが、そうでもない。ここはスーパー助手の出番。カソコニャが歩きながら、「あれっ？　あそこにない？」とか言って、あっちからこっちから覗いて「やっぱりあるよ。行く？」とか言いながら、その方向へ進んでいく。もちろん、私も探しながら歩いてはいるものの、カソコニャより先に私が見つけられることはまずなく、大抵の場合、目の前にシロアリ塚が現れるまで気づかない。

シロアリ塚に辿り着くと、GPSで位置を記録し、その時々、必要な調査をする。ある時には、シロアリ塚の形を正確に知り、塚のどこにどんな植物が生育しているのかを詳しく知るため、毎日ひたすら地形測量と樹木の調査を繰り返した。この調査の時は、カソコニャと二人でメジャーとハンドレベルを使って地形の測量をした。カソコニャは今では大学で地形測量や植生調査の実習くらいなら担当できるくらい、これらの調査をマスターしている。そして、樹木の高さや太さを測り、名前（現地名）をカソコニャに聞く。オンバズ村でもできるだけ樹木の現地名を知るようにしているが、ムヤコ村でもそれは続けている。これは調査を効率よく進めることにも役立っている。私が一通り木の現地名を覚えると、私は記録係に徹し、カソコニャがシロアリ塚の森を歩き回って木の胸高直径を測りながら、木の名前を大声で叫ぶというやり方で調査を進められる。カソコニャは名前がわからない木があると、私にジップロックを要求して、葉や花を入れて持ち帰る。帰宅後、家の人や隣人に聞くためだ。私がこうしてくれと頼んだわけではないのだが、いつの間にかこれが彼の習慣になった。調査を熱心に手伝ってくれるだけでなく、こうやって一緒に楽しんでくれる彼のこういうところが、私はとても好きだ。

こんな調子でフラフラと寄り道をしながら歩いていくため、初めは〇〇の方へ向かう道に沿って歩いているが、すぐに道から外れる。道といっても、家畜や人の歩いた幅二〇センチメートルくらいのおぼろげな道、というか跡だ。道から外れてもカソコニャは大抵の場合、〝〇〇の方向〟を見失うことなく、最終的にきちんと目指していた場所に辿り着く。彼の位置を把握する能力は驚くべきものだ。私にはどこも同じように見える景色の中、彼は景色の雰囲気や道の曲がり具合、地面に残る人や家畜の足跡、生えている植物や地形などから位置を知る。人の足跡も非常に重要な情報を与えてくれるものの一つで、カソコニャは村の人たちのほとんど全員の靴底の模様を覚えているのではないかと思うほどだ。「あっ、これはあそこの家の誰々だ。走ってるよ。牛でも見つけたのかな。ハハハ！」なんて、行動までも彼の目には見えてしまう。「これ見てごらん、チサトのだよ。何日前に来たとこだったね」なんてことも。おかげで私も自分とカソコニャの足跡だけは、判別できるようになった。

だが、そんなカソコニャも稀に道に迷うことがある。彼がひとりで歩き回る時とは異なり、道を外れて歩いているので無理もない。その場合には、GPSが最後の頼みの綱となる。初めからGPSを頼りに歩けばいいじゃないかと思うかもしれないが、GPSを頼りに最短距離を進もうとすると、途中に湿地があったり、通り抜けられないほどのブッシュがあったり、柵に囲まれた農地があったりして結局遠回りをすることになる。だから、カソコニャが位置を把握している限り、彼に付いていくのが最善の方法である。

調査バッグの中身

調査の時は、小さめのリュック一つで出掛ける。リュックの中身は調査の内容によっても変わるが、GPSとメジャー、折れ尺、双眼鏡、カメラ、図鑑、予備の電池、フィールドノート、トイレットペーパー、蛇などに噛まれた時用の〝ポイズンリムーバー〟は常時持ち歩く。ポイズンリムーバーというのは、針の代わりに吸盤状のものが付いた注射器のようなもので、毒のある生物に噛まれたり刺されたりした際、傷跡に押し当てて毒を吸い出すことができる。ナミビアには、蛇やサソリなどの毒をもつ生き物が多く生息している。特に、ブラックマンバやグリーンマンバは、猛毒を持つ非常に危険な蛇で、村の人たちにもとても恐れられている。牛がブラックマンバに噛まれ、瞬く間に死んでいったとか、噛まれたときには毒が回らないように噛まれた腕や足を切り落とすとか、恐ろしい話をたびたび聞かされる。幸いなことに、今まで私はこれらの危険な蛇に出くわしたことはない。正直、こんな猛毒の蛇たち相手に、おもちゃのようなポイズンリムーバーではかなり心もとないが、せめてもの気休めに、調査時には予備を含めて二つは荷物に入れてある。

これらの持ち物に加えて、リュックには水と（あれば）飴を入れる。「チサトが飴を持っている」とみんなに知れたら最後、隠し持っている私の資源は即座になくなる。ここでは〝少しずつ消費する〟ということは、ほぼ不可能なことの一つだ。そして何より大事な水。一・五リットルと〇・五リットルのペットボトルを一本ずつ持つことにしている。本当はこの倍くらい持って行きたいところだが、長い距離歩くこと、リュックの容量、万一ゾウやカバにでも襲われたときには全力で走ることなどを考慮に入れて、この量と決めている。万一の場合には、荷物を投げ捨てて走ってもいいよう、フィールドノートは常にズボンのポケットに入れている。私は手のひらサイズのフィールドノートを常に二つ同時並行で使っている。一方は、調査のデータを書き込む用。木を測ったり、地形を測ったりして数字や学名を書き込んでいく。こちらのノートはカソコニャと調査に出掛ける時にだけ持ち歩く。もう一方は、そのほか全部ノート。これは朝起きてから夜寝るまで常にポケットに入れ、とにかく何でも書き込む。お母さんに聞いた動物の話、隣の人の話、子どもたちに教わったいろいろなものの名前、親戚の名前、今日のご飯、日の出・日の入りの時間などなど。日々、データと汚れが刻まれていくフィールドノートは、日一日と宝物のように愛おしさを増し、調査時には命の次に大切なものになる。フィールドノートに書き込んだデータは、数日に一度は清書用ノートに書き写し、写真にも撮って何重にも〃保存〃する。帰国時、飛行機に乗る際にも、フィールドノートは頻繁に盗難や紛失の起こる預け荷物には決して入れず、手元のカバンに入れて肌身離さない。長期の調査では、何十冊にもなるフィールドノートでカバンはパンパンになるが、充実感を味わえる重さでもある。

3 「土の塔」からシロアリ塚の「丘」へ

塚の形が変わる理由

先に述べたように、ムヤコ村周辺では「土の塔」と「シロアリ塚の森」という全く異なる形態のシロアリ塚が共存している。私は文献などの情報から、この小さな「森」を支えるその丘もシロアリ塚であることは知っていた。しかし、シロアリの種によって塚の形態が異なり、丘のような塚を形成する種と、塔のような塚を形成する種がいるものだと思っていた。だが、さらに文献調査を進めると、丘のようなシロアリ塚もオオキノコシロアリの形成した塔のようなシロアリ塚を起源とするもので、長い時間をかけて徐々に塔から丘に形態が変化するらしいことがわかってきた。この変化は、シロアリたち自身の作用に加え、風や水、他の生物の作用によって引き起こされるという。ここでは、これまでに私が観察した事例と過去に行われた研究からわかっているシロアリ塚の形態変化の要因について見てみよう。

サバンナにぽつんと孤立しているシロアリ塚は、日々雨や風によって物理的に侵食される。加えて、シロアリ塚はシロアリを餌として採食する動物や、塚を巣穴として利用する動物によって壊される。代表的なものとして、まず、ツチブタ（*Orycteropus afer*）が挙げられる。豚のような鼻、ウサ

大きなすそ野付きの「土の塔」。写真左端にはカソコニャが屈んでいる。

ギのような耳、カンガルーのような尾をもつこの奇妙な動物は、アフリカ大陸のサハラ砂漠以南にのみ生息する一目一科一属一種の哺乳類だ。シロアリを主な餌とするシロアリ食者で、前足の長い爪でシロアリ塚に穴を開け、巣内のシロアリを細長い舌で絡め取って採食する。そのため、シロアリ塚の基部にはしばしばツチブタの大きな爪で削られた痕がはっきりと残り、塚の壁が崩されている。また、シロアリ塚は非常に硬く、天敵からの防御に適しているため、多くの動物が巣穴としても利用する。後にも述べるが、ムヤコ村周辺でもマングースやヤマアラシなどがシロアリ塚に巣穴を造るようだ。

このような雨風や動物による侵食を受けても、シロアリ塚が活動中はすぐにシロアリたちによって修復される。シロアリのコロニーは一世代の寿命が長く、一つのシロアリ塚は数年から数十年にわたって、崩壊と修復を繰り返す。活動中のシロアリ塚は、崩されては、また新しい土が地中からシロアリによって運び上げられ、修復される。これが繰り返され、徐々にシロアリ塚に〝すそ野〟が形成され、広がっていく。

さらに、シロアリが同じ場所に繰り返し塚を造ることも、シロアリ塚の「丘」ができる大きな要因と考えられている。南部アフリカでは、雨は短い雨季に集中して降る。一度に大量に降った雨は、河川や湖沼を溢れさせて氾濫原をつくり、盆地に溜まって湿地をつくる。このような浸水によって水浸しになる地域では、シロアリは巣が水没するのを防ぐため、少し高まった場所に新しい塚を形成する。[3] 年に一度、アンゴラからの洪水によって水浸しになるナミビア北中部のオバンボランドでは、人びとは住居を建設する際、シロアリ塚や大きな樹木がある場所を目安にするという。[4] そのような場所は水没しないことを、人びとが経験的に知っているためだ。

ムヤコ村も雨季には周辺河川や湖の氾濫、大量の降雨が盆地に溜まることによって、部分的に浸水することがある。そのため放棄されたシロアリ塚は、水没を免れられる高まった場所の一つとして、別のコロニーが新たに塚を造る場所としてシロアリたちに好んで利用されるようだ。実際に、ムヤコ村周辺では、丘のようなシロアリ塚の上に、新たにシロアリ塚が造られている例が多数見られる。シロアリ塚に植物が侵入し定着することも、その丘の拡大に影響していると考えられている。シロアリ塚に根付いた樹木は、その場所で盛んに地下から水分を吸い上げる。そのため、シロアリ塚の下には、地下水に含まれる溶質（地下水に溶けている物質）が集積し、塚を垂直・水平方向に拡大させるという。ボツワナのオカバンゴデルタで行われた研究では、直径が数十メートルの大きな丘の堆積の三〇〜四〇%をこのような溶質（ここでは方解石$CaCO_3$とシリカSiO_2）が占めていた。[2] 一方で、直径一〇メートル程度の比較的小さな丘の下にはこれらの物質は集積していなかった。この研究を行ったマッカーシーらは、シロアリ塚が「塔」から「丘」になる過程を次のように仮定している。オオキノコシロアリ属のシロアリが形成する塔のようなシロアリ塚を起源として、ツチブタのような他の生物がシロアリ塚を掘り崩すこと、シロアリが繰り返し同じ場所に塚を形成すること、樹木の侵入によって地下水中の溶質が集積すること、さらには、シロアリ塚の微地形やそこに定着した樹木自体が砂をキャッチするトラップになることで、丘のような地形が成長していくというのだ。

「土の塔」は数百年かけて「丘」になる

では、「土の塔」はどのくらいの時間をかけて「丘」になるのだろうか？　シロアリ塚の年代測定を行った研究がいくつかある。コンゴ民主共和国のミオンボ林では、オオキノコシロアリ属のシロアリが形成した活動中・放棄シロアリ塚を対象に、有機炭素を用いた^{14}Cの放射性年代測定が行われた。ミオンボ林というのは、マメ科の*Brachystegia*属、*Julbernardia*属、*Isoberlinia*属が優占する植生で、南部アフリカでは最も広い面積を占めている。年代測定の結果、放棄されたシロアリ塚は、高さ三メートル程度の小さめのものが七五〇年前、高さ六メートル程度の大きめのものが二二〇〇年前であることが示された。一方、活動中のシロアリ塚は、小さめのものが四五〇〜一五〇年前、大きめのものが五〇〇〜三〇〇年前という年代が出された。[3] オオキノコシロアリのコロニーは、最大二〇年程度の寿命といわれ、数百年続くことは考えにくい。そのため、この研究で示された「活動中の塚でも基部の年代は数百年前」ということこそが、シロアリ塚が同じ場所に繰り返し形成されている証拠と考えられる。

少し変わった材料を用いてシロアリ塚の年代を測定したものもある。一九六〇年代にジンバブウェ(当時のローデシア)の首都周辺で行われた研究では、遺跡の人骨を利用してシロアリ塚の年代を調べた。この研究では、オオキノコシロアリのシロアリ塚と周辺土壌の土性や成分の分析に加え、このシロアリ塚に造られた鉄器時代の墓地から人骨の破片を採取し、放射性炭素の年代測定を行った。その結果、現在も塚の一部にオオキノコシロアリが生息していること、骨の年代は七〇〇年前であることが示された。[5] これらのことは、このシロアリ塚が少なくとも七〇〇年間、その場所にある証拠として示され、論文発表当時には〝最古のシロアリ塚〟として発表された。アフリカでは、人びとがさまざまな形でシロアリ塚を利用しているが、墓地として利用するというのもその一つだ(4章第5節参照)。

これらの研究から、シロアリ塚が「塔」から「丘」へ変化するのは、シロアリ塚が風雨や動物による侵食と修復を繰り返すこと、放棄されたシロアリ塚が別のコロニーに繰り返し利用されること、シロアリ塚に定着した樹木の蒸散が地下水中の物質の集積につながることなどが、数十年、数百年、時には数千年という長い期間続くことによって起こることが示されたのだ。

オンバズ村とムヤコ村でのシロアリ塚の違い

ここまで読んできて混乱している人が多いのではないだろうか？　オンバズ村では「土の塔」だったシロアリ塚が、なぜ、ムヤコ村では「土の塔」から「シロアリ塚の森」へと変化するのか？　オンバズ村で見られる「土の塔」も、ムヤコ村で見られる「土の塔」も同じオオキノコシロアリが造ったものだ。同じ「土の塔」が、ある場所では「シロアリ塚の森」へと変化し、またある場所ではただ崩れていくだけなのだ。もちろん、私はムヤコ村で調査を始めてからずっとこの謎を抱えて調査を続けてきた。だが、残念なことに、この謎はまだ解けていない。ただ、先に述べたように、これまで多くの研究が「土の塔」が「シロアリ塚の丘」になる要因を指摘している。これらの情報を合わせて考えると、いくつかの要素が鍵として見えてくる。

そのひとつは〝水〟だ。先に示したように、頻繁に浸水が起こる地域では、シロアリが何度も同じ場所に塚を造ることや、シロアリ塚に定着した樹木が地下水を吸い上げ、ミネラルが集積することがシロアリ塚の拡大につながることが指摘されている。まず前者に関して、オンバズ村は降水量が少なく、近くに大きな河川もないため、地域が浸水することはまずない。一方で、ムヤコ村では不定期にではあるが、浸水は起こる。実際に、オンバズ村ではシロアリ塚の上に新たなシロアリ塚が出来ている様子は見たことがないが、ムヤコ村では頻繁に丘のようなシロアリ塚の上に新しいシロアリ塚が造られている。

次に後者について、2章で見たように、オンバズ村ではシロアリ塚の上に乗った木はないが、シロアリ塚は木の下に造られる。シロアリ塚に埋まった木によってミネラルの集積が起こるのではないかとも考えたが、オンバズ村ではシロアリ塚の形態がほとんど変化しないことからも、少なくとも形態を変化させるほどのミネラルの集積は起こっていないようだ。これは〝木の生え方〟の問題なのか、はたまたもっと別の要因、例えば、両地点の降水量や大きな河川や湖沼からの距離、地下水の量や質の違いの問題なのか、今のところまだわからない。

さらに、動物相の違いもあるかもしれない。「土の塔」から「シロアリ塚の丘」への形態変化の一因として、ツチブタがシロアリ塚を削ったり、マングースなどが巣穴を造ったりすることで塚が崩れ、シロアリ塚のすそ野が広がっていく作用が挙げられていた。ナミビアの野生動物図鑑を見ると、ツチブタやマングースはナミビアに広く分布し、オンバズ村もムヤコ村も分布域に含まれている。しかし、オンバズ村でツチブタの〝削り跡〟のあるシロアリ塚に出会ったことはなく、調査中、シロアリ塚からマングースが顔を出したこともない。もちろん、オンバズ村でも風雨による侵食は起こるので、風雨に削られて多少すそ野の広がったシロアリ塚は見られる。だが、ムヤコ村周辺に比べるとすそ野は小さめで、一〇メートルを超えるようなすそ野をもつシロアリ塚は見たことがない。野生動物の生息種や個体数について詳細な調査が必要だが、このような野生動物の局所的な分布の有無や密度がシロアリ塚の形態変化に影響している可能性もあると考えている。

シロアリ塚の上のシロアリ塚

直径数十メートルの丘のようになったシロアリ塚は多くの木々で覆われている。その森の中を覗くと、いくつもの「土の塔」が造られている。

4 「シロアリ塚の森」ができるまで

シロアリ塚並べ替え作戦

このように「土の塔」のようなシロアリ塚は長い年月をかけて「シロアリ塚の丘」になる。では、どうやって「シロアリ塚の森」はできるのだろうか？　丘のようなシロアリ塚ができることと、「シロアリ塚の森」ができることは同時に起こっているものの、異なる時間軸に沿って進む別のプロセスである。つまり、今ここにあるシロアリ塚が何年前からここにあるか、ということは先述のようにシロアリ塚の年代測定から知ることができる。しかし、その年代が「シロアリ塚の森」の年代ではないし、どのように形成されてきたのか、という過程は知ることができない。いったいどのようにして、最初の樹木は「土の塔」に乗るのだろうか？　そして、塚自体が形を変えていくその傍らで、どのように一本の木から森へと変化していくのだろうか？

数十年、数百年という長い期間をかけて起こる遷移を実際に見届けることは難しい。そこで、今あるシロアリ塚たちから、「土の塔」が「シロアリ塚の森」になる過程を知ることはできないかと考えた。ムヤコ村では、木の生えていない「土の塔」、一本だけ木の生えた「土の塔」、数本の木の生えたシロアリ塚の丘、うっそうと森のように木々の生い茂ったシロアリ塚の丘など、さまざまなタイプのシロアリ塚が見られる。そこでまず、これらのシロアリ塚を新しいものから古いものへ順に並べることで、数十年、数百年をかけずとも「シロアリ塚の森」ができる過程を再現できるのではと考えた。

まず、シロアリ塚を外から見える特徴、活動中または放棄と〝すそ野〟の有無によって、①活動中・すそ野なし、②活動中・すそ野あり、③放棄の三つのタイプに分類した。先に述べたように、シロアリ塚は侵食や動物によって壊された場合、シロアリたちによってすぐに修復される。シロアリは地中から運んできた土に唾液や排泄物を混ぜて塚を修復する。そのため、新しく湿った修復痕は、乾燥している部分に比べて色が濃い。雨季のはじめには、シロアリ塚に継ぎはぎを当てたような修復痕が頻繁に見られるため、修復痕のあるものは活動中のシロアリ塚と判別できる。さらに、シロアリ塚自体もコロニーの成長に伴って成長するため、年々シロアリ塚が

雨季の激しい雨の後、活動中のシロアリ塚には湿った修復痕が見られる。

大きくなれば、その塚は活動中であることがわかる。対して、シロアリがいなくなり放棄された塚では、修復が行われず、塚は侵食を受ける一方になる。塚が崩れ始め、修復痕や大きさの変化が見られないものは放棄された塚と判別できる。先の研究のように、シロアリ塚の年代測定をすれば正確な年代がわかるが、（その技術がなかったこともあるが）ここでは「シロアリ塚の森」ができる大まかな〝流れ〟を知ることが目的だったため、この並べ替え作戦をやってみた。

この見た目から、活動中のシロアリ塚は放棄されたシロアリ塚よりも新しく、すそ野のあるシロアリ塚はすそ野のないシロアリ塚よりも長くそこに存在していると予測できる。ここから、右記①〜③の分類では、①が最も新しく、②と③は①よりも古い（シロアリ塚が繰り返し同じ場所に造られることを考慮すると、②と③の新旧は見た目からは判断できないため、ここでは議論しない）と想定できる。この大まかな時間軸を入れ、それぞれのシロアリ塚上に見られる植物を比較してみた。

まず、樹木のないシロアリ塚の割合は、①活動中・すそ野なしでは三五%、②活動中・すそ野ありでは二五%、③放棄では五%であった。また、出現する樹木の個体数と種数は、①②③の順に多くなった。ここに示した三タイプのシロアリ塚は、調査したシロアリ塚の個数や面積が異なるため、樹木の個体数や種数をタイプ間で比較することはできない。だがこの結果から、造られたばかりのシロアリ塚の三〜四割には樹木がなく、その後、時間が経過し形態が変化していく中で、徐々に樹木が侵入してくるという過程が見えてきた（図5）。

次に、シロアリ塚に最初に侵入する樹種を知るため、上記の①に出現する樹種に着目すると、サ

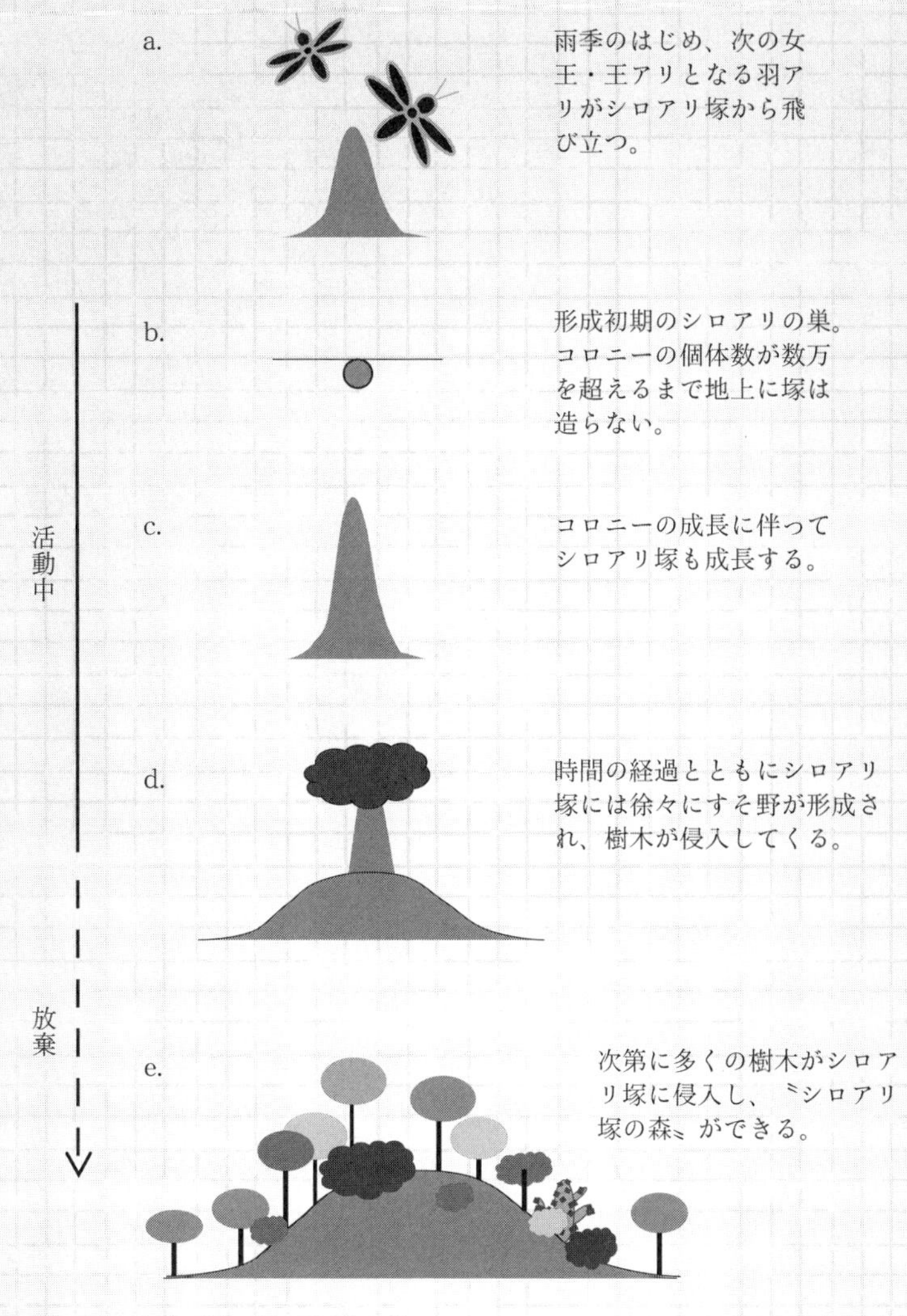

図5 「シロアリ塚の森」ができるまで

中腹から根が見えている。

ルバドラ科の *Salvadora persica*（以下、サルバドラ）が最も多く出現した。①のうち樹木の生育しているシロアリ塚の四五%にサルバドラが出現し、次いでモパネが三六%、フウチョウボク科の *Capparis tomentosa*（以下、カパリス）とヤシ科の *Hyphaene petersiana* がそれぞれ九%出現した。ただし、このモパネとヤシは、判別できる限りではすべて木の下にシロアリ塚が造られていた。つまり、シロアリ塚に最初に侵入する樹木（何もないシロアリ塚に最初に乗る木）は、ほとんどがサルバドラ（たまにカパリス）であることがわかった。このサルバドラは、シロアリ塚に特徴的な樹種で、②活動中・すそ野あり、③放棄シロアリ塚のそれぞれ七五%、九一%に出現した一方で、シロアリ塚以外ではほとんど出現しなかった。

「土の塔」に乗った木

では、サルバドラはどうやって「土の塔」に乗るのだろうか？　先に示したように、サルバドラはシロアリ塚以外ではほとんど出現しないが、シロアリ塚の上には大抵ある。サルバドラは五ミリメートル径の赤い多肉質果実をつけ、内部に一つ種子をもつ。その果実は、ピリッと山椒のような刺激があるものの、甘い果汁をたっぷり含む。このような果実の特徴は、植物側から見ると、動物に食べられることで種子を遠くまで運んでもらいたい植物といえる。風や水などの物理的な力を借りて種子を運んでもらう散布様式（主に何によって種子が運ばれるか）に対して、動物の力を借りて種子を運んでもらうものを動物散布という。動物散布の中でも、サルバドラのように美味しい果実をつけることで、動物に食べられ運ばれるものを周食散布型、ベタベタの粘液やトゲトゲの突起をつけることで動物の体表に付着して運ばれるものを付着散布型と呼ぶ。

直径5mmほどの赤い果実。人びとは果実を食用とするほか、西アフリカでは枝を歯ブラシとして利用することもあるという。

表1　シロアリ塚と周辺に出現する樹木

シロアリ塚での各樹種の出現率（%）				各樹種の個体数割合（%）	
活動中シロアリ塚（n_1=34）		放棄シロアリ塚（n_1=50）		周辺植生（n_2=13）	
Salvadora persica	50	*Salvadora persica*	86	*Colophospermum mopane*	63
Capparis tomentosa	29	*Colophospermum mopane*	52	*Dichrostachys cinerea*	21
Colophospermum mopane	21	*Euphorbia ingens*	40	*Ximenia americana*	4
Senegalia nigrescens	12	*Commiphora glandulosa*	36	*Searsia tenuinervis*	2
Dichrostachys cinerea	12	*Capparis tomentosa*	26	*Combretum* spp.	3
Lonchocarpus capassa	9	*Senegalia nigrescens*	26	*Senegalia nigrescens*	1
Berchemia discolor	9	*Searsia* spp.	24	*Albizia anthelmintica*	1
Others（9 spp）	15	Others（14 spp）	42	others（11 spp）	4

n_1：シロアリ塚の個数、n_2：調査区（20m四方）の個数

周食散布型の植物の果実も、種によって色や大きさ、においなどはさまざまである。このような果実の形質は、より適切な動物に種子を散布してもらうために、植物が進化させてきたものだ（種子散布シンドロームという）。例えば、色で見てみると、赤い果実は鳥に好まれ、黄色い果実はサルに好まれる、といった傾向が知られている。さらに、多肉質の甘い果肉はつけないものの、例えば、マメ科の鞘に入った種子は、草食動物や一部の鳥類による採食によって散布されることが知られている[6]。

これらの点から考えると、サルバドラのピンクから赤色の果実は、動物の中でも特に鳥に好まれる特徴といえる。ということは、シロアリ塚に特徴的に出現するサルバドラは、鳥をはじめとする動物によって果実が採食され、その種子がどういうわけかシロアリ塚に運ばれているということだろうか？　そのことを確かめるために、サルバドラに加えて、同じくシロアリ塚に特徴的なカパリスに着目して、その果実を採食する動物を調べてみることにした。サルバドラはほぼシロアリ塚にのみ出現するのに対して、カパリスはシロアリ塚以外にも出現するが、シ

ロアリ塚に特徴的な樹種の一つといえる（表1）。カパリスもサルバドラと同様に周食散布型の果実をつける。カパリスの果実は、直径四センチメートルほどの球状で、分厚く硬い外果皮の内部に肉質種皮（以下、果肉）に包まれた種子が複数入っている。熟すと外果皮はオレンジ色、果肉は赤くなる。種子の大きさや果肉の質感・色は多少異なるが、おおよそはザクロの実のような形状だと思ってもらえればいい。

カパリスの果実

未熟な果実は緑色だが、熟すと外果皮は黄色、内部は赤くなる。

調べてみようと思い立ったものの、私はそれまで野生動物を直接観察してデータを取った経験がなかった。そのため、四度目のムヤコ村への渡航を前に、日本で特に鳥の採食量を調べる方法や必要な道具などについて、文献や詳しい研究者から情報を得て準備を整え、調査地に向かった。だがやはり、実際に調査地でやるとなかなかうまくいかない。まず、観察対象にする木を決める必要があるが、これが結構難しい。果実がたくさん実っている木を選ぶことは言うまでもない。加えて、場所もとても重要になる。ひとまず日中のみ調査することにしたが、できるだけ朝早くから日の入り直前まで観察したい。そのため、家からあまり遠くない木がいいが、人家や道路、家畜囲いの近くだとしょっちゅう人や家畜が通り、動物の行動に影響が出てしまう。良さそうな木を見つけ、試しに一日観察していたら、夕方、牛たちがガラガラと鈴を鳴らしながら目の前を通ってがっかり、なんてこともあった。さらに、観察対象の木の周りに他の木などがあると、動物がどちらの木に来ているのか見分けにくいので、なるべく孤立している木がいい。幸いナミビアでは木が少ないので孤立木を見つけるのはそれほど困難ではない。けれども、孤立しすぎもよくない。気温四〇度を超える日中に、長時間その場に留まって観察をするので、日陰がないとこちらの体力がもたない。観察対象の木に近付き過ぎると動物たちは来なくなるし、遠すぎるとよく見えない。いろいろな距離で試した結果、二〇〜三〇メートルほど離れた場所であれば、動物たちの行動に大きな影響を与えず、かつ、動物の姿もしっかり観察できることがわかった。つまり、家から近いが人通りの少ない場所にあり、周囲の木々から孤立しているものの二〇〜三〇メートル離れた場所に日陰を提供してくれる木があり、かつ多くの実をつけたサルバドラとカパリスを探せばよい。これらのさまざまな条件をクリアするサルバドラとカパリス各一個体を、数週間の試行錯誤の末にようやく探し出し、対象木とした。

この観察対象木を選定する作業と並行して、動物の名前を知る作業も進めた。何しろはじめは訪れる動物の種がほとんどわからない。そこで、個体数や採食行動のデータを取る前に、訪問する可能性のある動物を大まかに把握することにした。双眼鏡と図鑑を手元に、ひたすら訪問する鳥や動物の種を同定していく。この事前調査で、サルバドラではおよそ二〇種の鳥類、カパリスではおよ

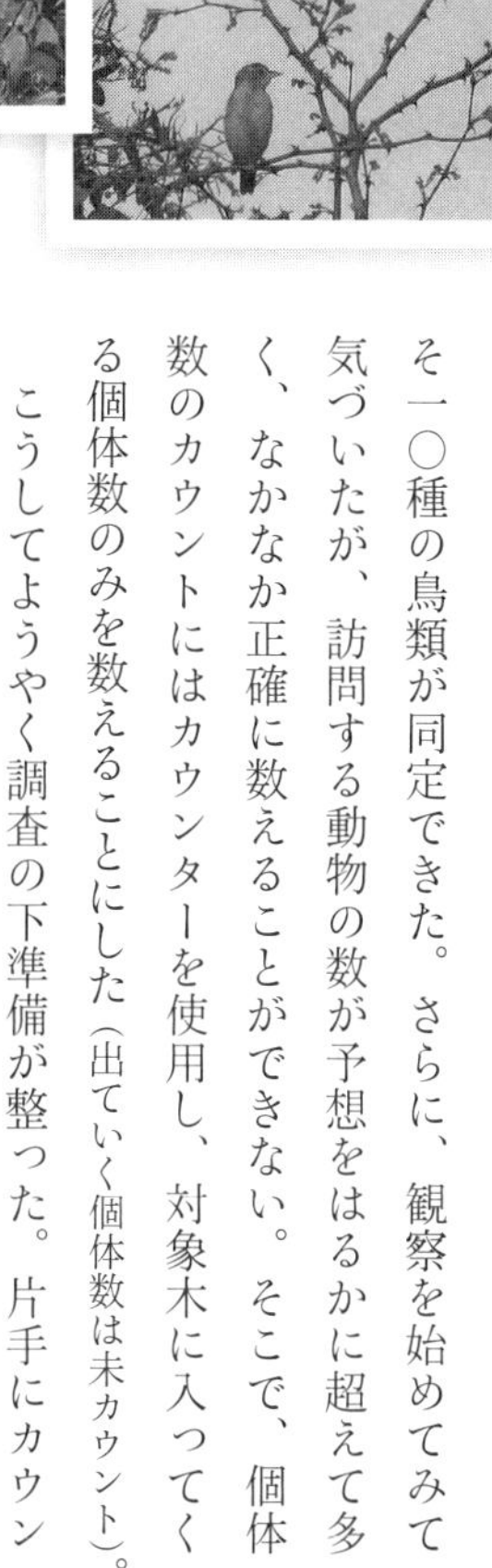

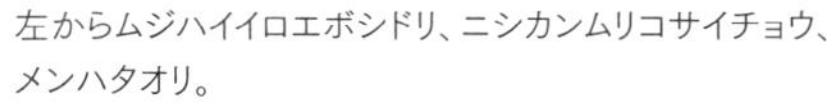

左からムジハイイロエボシドリ、ニシカンムリコサイチョウ、メンハタオリ。

そ一〇種の鳥類が同定できた。さらに、観察を始めてみて気づいたが、訪問する動物の数が予想をはるかに超えて多く、なかなか正確に数えることができない。そこで、個体数のカウントにはカウンターを使用し、対象木に入ってくる個体数のみを数えることにした（出ていく個体数は未カウント）。

こうしてようやく調査の下準備が整った。片手にカウンター、もう一方の手で双眼鏡を持ち対象木への訪問動物を観察しカウントしながら、隙を見て個体数や種、行動をノートに記録していく。さらに、事前調査では観察しておらず、すぐに種がわからない動物に関しては、余裕のある時にカメラで撮影しておき、帰宅後、図鑑を見ながら種の同定を進めていく。カパリスではサルバドラに比べて訪問動物が少なく、比較的余裕があったため、可能な限り採食後の動物の行動も記録した。野生動物の観察というと、一日中ひたすらじっと待って見られるかどうかというイメージだったが、予想に反して非常に忙しい調査になった。

こうした長い下準備を経て、最終的にサルバドラでは三

表2　サルバドラとカパリスの果実採食者

*Salvadora persica*の果実採食者（2日間、計16時間）

	英語名	学名	観察個体数（カッコ内は%）
ムクドリ科	Wattled Starling	*Creatophora cinerea*	1796（71）
ムクドリ科	Burchell's Starling	*Lamprotornis australis*	330（13）
ハタオリドリ科	Lesser Masked Weaver	*Ploceus intermedius*	208（8）
ネズミドリ科	Red Faced Mouse-bird	*Urocolius indicus*	169（7）
ヒタキ科	Arrow-marked babbler	*Turdoides jardineii*	11（1>）
その他（鳥類8種）			32（1<）

*Capparis tomentosa*の果実採食者（4日間、計23時間）

	英語名	学名	観察個体数（カッコ内は%）
ヒヨドリ科	Dark-capped Bulbul	*Pycnonotus tricolor*	57（37）
エボシドリ科	Grey Go Away Bird	*Corythaixoides concolor*	27（18）
ネズミドリ科	Red-faced Mousebird	*Urocolius indicus*	27（18）
サイチョウ科	African Grey Hornbill	*Tockus nasutus*	10（7）
その他（鳥類3種、哺乳類1種）			9（6）

日にわたり計一九時間三〇分、カパリスでは四日にわたり計一八時間五〇分、観察した。観察は日の出後の六時から日の入り前の一八時まで行った。この調査は、まだ観察日数や対象木の個体数が少なく、なおかつ日中の観察のみのため、データが不十分だ。だが、少ない観察事例にもかかわらず驚くほど多くの動物が来ていたので、参考までに記しておこう。

サルバドラでは一二種（未同定種一種を含む）、延べ二六一六個体の鳥類が観察され、そのうち一三種で果実の採食が確認できた。特に、ムクドリの仲間は時には三〇羽もの大群で訪れ、多くの果実を採食した。このムクドリの仲間は、訪問個体数の八〇％以上を占めていた。サイチョウの仲間は、訪問個体数は少ないものの、体サイズが大きく一羽で複数の果実を採食している様子が観察できた。サルバドラの果実は五ミリメートル程度と小さいため、ここで観察した限りでは、すべての鳥たちが果実を丸飲みしていた。

一方、カパリスでは、一五種のべ一五一個体の鳥類と一種一個体の哺乳類（リス）が観察され、そのうち八種が果実を採食した（表2）。カパリスの果実は大きく、厚い外果皮をもつため、果実を丸呑みするものはおらず、採食行動は果肉付きの種子を飲み込む、種子を持ち去る、果肉のみをついばむ、の三つに分類された。さらに、カパリスの種子を嘴に咥えたまま飛び去った鳥を追いかけると、周辺の大きな木に留まり、そこでゆっくりと飲み込み、一休みといった様子がたびたび観察された。その後も観察を続けていると、時たまその鳥が口から何か吐き出す（ここで観察したのは、サイチョウの仲間とエボシドリの仲間）。急いでその大きな木の下に行ってみると、鳥の吐き出した〃ペレット〃が見つかり、そのペレットには果実の種子が含まれている。鳥は未消化の食物をペレットと呼ばれる塊にして口から吐き出す。周食散布型の種子は、動物に食べられることでその体とともに遠くへ運ばれ、糞やペレットとして落とされることで、自力では辿り着けない離れた場所に辿り着くことができるの

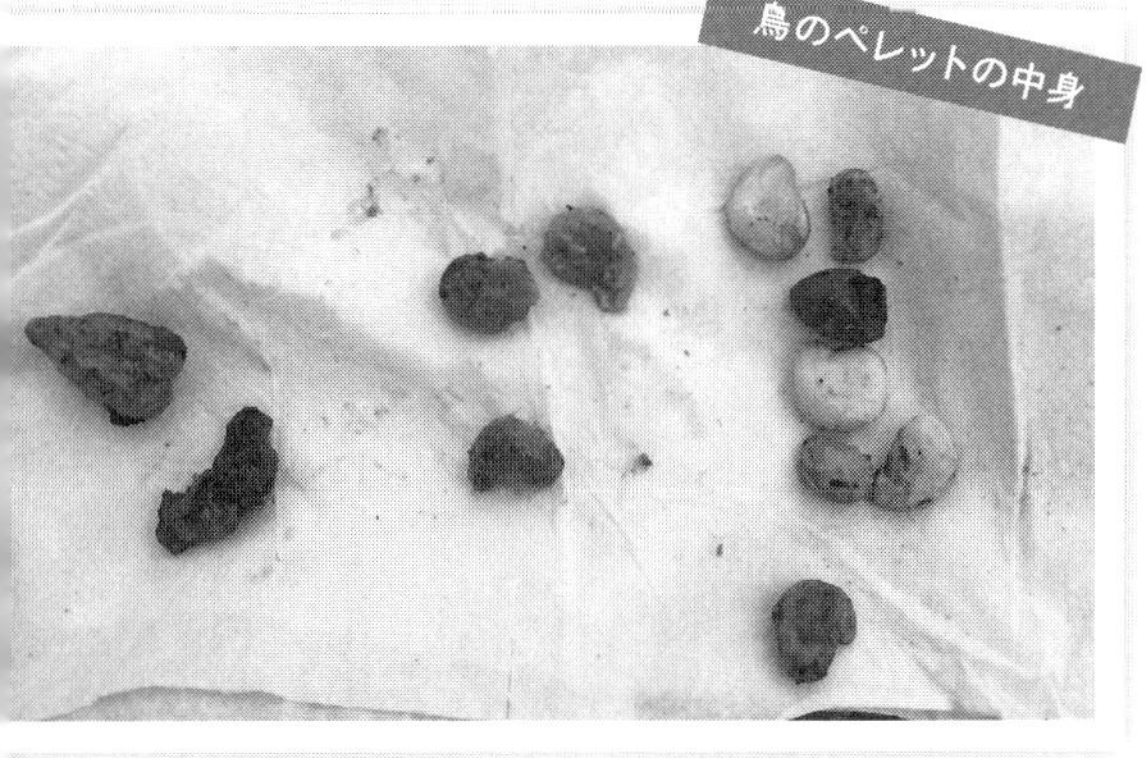

鳥のペレットの中身

カパリスで“食事”をしたサイチョウのペレットには多くの種子が含まれていた。

だ。

〝止まりシロアリ塚〟効果？

限定的な調査ではあったが、サルバドラとカパリスの果実は、実に多くの主に鳥類によって採食されていることがわかった。では、これらの鳥たちがシロアリ塚に特徴的なこれらの樹木の種子をシロアリ塚に運んでいるのだろうか？　鳥たちが樹木の果実を食べているからといって、シロアリ塚にその種子を運んでいるとは限らない。サルバドラやカパリスの果実を食べた鳥たちが種子を含んだ糞やペレットをわざわざシロアリ塚に落とす必要がある。

ここからはまだ実証できておらず、完全なる推測になるが、鳥たちがわざわざシロアリ塚に種子を落とす可能性の一つとして、止まり木効果（perch effect）を考えている。鳥が止まった場所で糞やペレットとして植物の種子を落とすことで、その場所に集中的な種子散布をもたらすことを止まり木効果という。特に、開けた場所の大きな木は、鳥によって止まり木として利用され、その樹冠下に集中的に植物の種子が散布されることがある。[7]　このような場所は、見晴らしが良く天敵や餌を見つけやすいため、頻繁に鳥の止まり場として利用されるためだ。

植生の疎らなムヤコ村周辺で塔のようにそびえるシロアリ塚は、時として周辺に生育する樹木に匹敵、もしくは超える高さになり、そこに鳥が止まる様子がしばしば観察できる。ここで止まっていたのは恐らくシロハラムクドリ（violet backed starling）というムクドリの仲間で、先の果実食者の

調査でもサルバドラを訪れ、果実を採食していた種だ。この果実食者の調査結果と止まり木効果を合わせて想像すると、サルバドラやカパリスなどの果実を食べた鳥がシロアリ塚に止まり（〃止まりシロアリ塚効果〃と呼ぶことにする）、そこで糞やペレットとして種子を落とすことで、種子がシロアリ塚へ運ばれている、という可能性が見えてくる。

でも、本当に〃止まりシロアリ塚効果〃は起きているのだろうか？　止まりシロアリ塚効果の有無は、鳥の落とし物を通じてシロアリ塚に集中的に種子が散布されているかどうかを調べることで検証できる。これを調べるには、シロアリ塚に落とされる種子の量をその周辺に落ちる量と比較すればいい。一見簡単そうに思えるが、塔のようなシロアリ塚の形態が思わぬ仇となった。例えば、種子散布量を評価する一つの方法として、種子トラップ法というものがある。一定面積に落下する種子量を測定する方法だ。例えば、ある木が実らせる種子数を知りたい場合、樹冠下に虫取り網状のトラップを、口を上に向けて設置し、落

シロアリ塚に止まるムクドリの仲間

シロアリ塚では鳥の糞(左)や哺乳類の糞(右)が頻繁に落ちている。

下してくる種子をキャッチする。落下後の種子捕食を避けるため、地表から一メートルほどの高さに設置する方法が一般的だ。トラップに入った種子数とトラップの口径、樹冠面積からその木が実らせる種子の総量を算出することができる。だが、シロアリ塚に落ちる種子は、樹冠から落下するように上から落ちてくるのではないので、この方法は使えない。もう少しシロアリ塚に近い条件として、例えば、電柱などの構造物の下に落ちる種子量を測る方法もある。この場合、電柱の下にドーナツ状のトラップを置き、そこに落ちる種子をカウントする。この方法は比較的シロアリ塚に近い条件だが、シロアリ塚は円錘のような形態なので、頂上に止まった鳥の糞はシロアリ塚の〝中腹〟に落ちる。シロアリ塚の基部にトラップを置いたところで、塚の頂上に止まった鳥の糞はほとんどそこには入らないだろう。こんな具合に調査がとても難しく、残念ながら現時点では、種子散布量を定量的に調査することはできていない。

それでも、これまでの調査の中で見えてきたこともある。シロアリ塚を調査していると、頻繁に動物の糞が見つかる。「土の塔」の中腹には、尿酸を含んだ白い鳥の糞が点々と付き、「土の塔」の基部や丘の上には、哺乳類のものと見られる糞がコロコロと転がっている。試しにこの糞を数え、中身を見てみることにした。ここで知りたかったのは、植物の生育していない「土の塔」に最初の植物が侵入する段階で、動物が「土の塔」に集中的に種子を運んでいるか、つまり止まりシロアリ塚効果が起きているか否かだ。そこで、樹木の生育していない「土の塔」を対象にシロアリ塚の直径を測り、塚上の糞を数え、可能であれば回収した。「土の塔」に張り付いてカピカピに乾いている鳥の糞などは回収が難しいが、植物の種子が含まれている場合には、種子だけ回収した。さらに、対照区としてシロアリ塚から五メートルほど離れた、かつ、上部に樹冠などのない地点に、シロアリ塚と同面積の区画を設定し、同じように糞のカウントと回収を行った（一一ペア）。

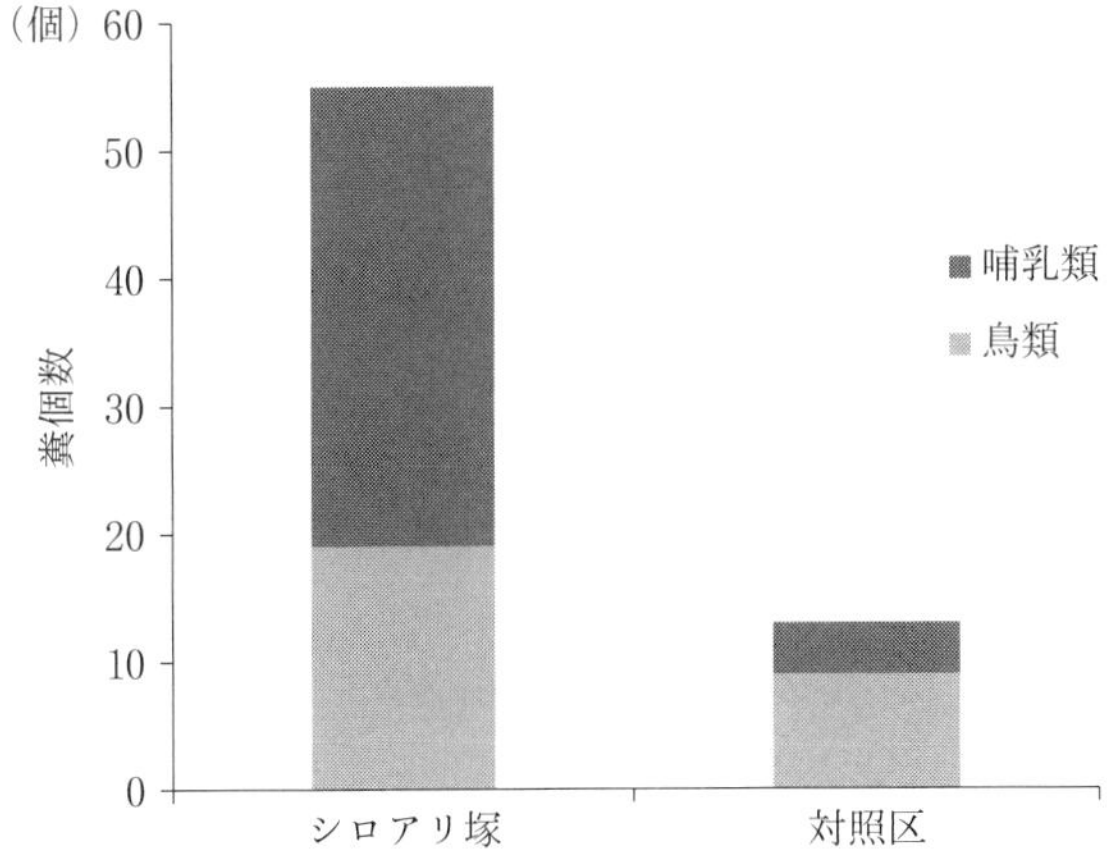

図6　シロアリ塚と周辺で見つかった糞の数

　見つかった糞は明らかにシロアリ塚で多く、ざっくり鳥か哺乳類かで分けてみても、両者ともシロアリ塚で多い傾向があった（図6）。つまり、シロアリ塚には何となく集中的に動物の糞が落とされていそうだ。本来であれば、種子散布量を調べたいので、種子が含ま

シロアリ塚で見つかった動物の糞には小動物の毛や昆虫に加えて、植物の種子も含まれていた

れているかもしれない糞の数は、一つの目安にしかならない。さらに、対照区の設定の仕方によっては、シロアリ塚よりも動物の糞が集中する場所がある可能性は十分にある。ここで対照区として設定した〝ただの地面〟では、例えば、飛びながら糞をする鳥や特定の排泄場所がない哺乳類など、ランダムに落とされる糞を数えていることになる。一方で、高い木の樹冠下や畑や家畜囲いの杭の下、動物の巣や〝獣道〟の周辺など、シロアリ塚以外にも集中的に動物の糞が落とされる場所があるであろうことは容易に想像できる。したがって、この調査からわかったことは、「シロアリ塚にはどの場所よりも多くの糞が落ちる」ことではなく、動物の糞はすべての場所にランダムに落とされるのではなく、少なくともシロアリ塚にもある程度は集中していそう、ということだ。

さらに、観察例は少ないが、シロアリ塚に落とされた糞には植物の種子が含まれたものもあった。糞分析は未経験だったが、どの動物の糞かは、動物の痕跡図鑑[8][9]で見当をつけた。糞の内容物についても、顕微鏡もなく、小さな虫眼鏡で見ただけなので、かなり大雑把な分類しかできていないが、鳥類の糞には草本、昆虫に加えて、小さな植物の種子（種不明）、哺乳類の糞にも昆虫の体の一部や小動物の毛や骨などに加えて、植物の種子が含まれたものもあった。糞の形やサイズ、内容物から判明した落とし主は、アフリカゾウ、アンテロープの仲間、ネコ目の動物などだ。特に、昆虫や小動物、時には植物が一緒に含まれている糞が比較的多く、この食物内容とこの辺りに生息する動物から推測すると、キツネやジャッカル、マングース、ジェネットやシベット、野生のネコなど、ネコ目の動物が思い当たる。後述するが、マングースはシロアリ塚を巣穴として利用する動物の一つだし、ジャコウネコ科のジェネットやイヌ科のジャッカルもシロアリ塚を訪れる様子が観察されている。多くの動物がシロアリ塚を巣穴として利用したり、頻繁に訪れたりすれば、それだけそこに糞を落とす頻度も高まるだろう。

加えて、ネコ目の動物の中には、開けた場所や小高い場所に糞をする習性を持つものがいることが知られている。例えば、南米のセラードに生息するイヌ科のタテガミオオカミもその一例である。セラードには、テングシロアリの仲間が地表に造る大きな塚が点在する。このシロアリ塚は雨季の数日間のみ「光るアリ塚」になることでも知られている。テングシロアリの塚の外壁には、ヒカリコメツキの幼虫がトンネルを作って住み着き、幼虫たちは発光することで、餌となるシロアリの羽アリをおびき寄せて捕らえている。そのため、羽アリが飛び立つ雨季の数日間だけ、シロアリ塚が光るのだ。ここに暮らすタテガミオオカミは、糞をする場所として小高い所を好み、シロアリ塚はその場所の一つになることが知られている。[10] また、東南アジアに生息するジャコウネコ科のシベットは川辺などの開けた場所に糞をする習性を持ち、南米の森林において重要な種子散布者として機能している。[11] 熱帯林とは異なり、ナミビアでは下層植生を含めて植生が疎らなため、シロアリ塚が唯一の（または限られた）〃開けた場所〃ではないものの、シロアリ塚は〃すそ野〃を含めて、特に植生の少ない裸地であることが多い。ここに挙げた例のようなことが、ムヤコ村周辺でも起こっているかはまだわからないが、シロアリ塚にジェネットやジャッカルなどのネコ目の動物が来ることもわかっているし、それらしき糞も観察されているので、調査する価値はあると思っている。もちろん、詳細な調査が必要だが、鳥の止まりシロアリ塚効果に加えて、こうした哺乳類による種子散布も何らかの影響を与えているかもしれない。

では、オンバズ村では、このような〃止まりシロアリ塚効果〃は起きないのだろうか？ 推測に推測を重ねることになるが、最後に少しだけ、オンバズ村周辺で木がシロアリ塚に乗らない要因について考えてみる。オンバズ村周辺にも見上げるほどの高さの「土の塔」は分布している。加えて、オンバズ村周辺の樹木はムヤコ村よりも（平均）樹高が低い。一方で、オンバズ村ではシロアリ塚の上に木は乗っていないが、多くのシロアリ塚は大きな樹木の下に形成されている。そのため、〃塔〃が電柱のようにそれだけで立っている様子はあまり見られない。このように、そもそも剝き出しの〃塔〃が少ないこともあり、ムヤコ村でしばしば観察できる「土の塔に止まる鳥」はオンバズ村では見たことがない。

加えて、ムヤコ村周辺とオンバズ村周辺の植物相・動物相の違いや個々の生物の特性も気になっ

シロアリ塚に生えていたサルバドラの稚樹。
30cmほどの地上部に対して、根は1.5m以上。

ている。同じモパネ植生帯に位置するものの、樹木の種組成は両地域で大きく異なる。サルバドラを含め、ムヤコ村でシロアリ塚に特徴的に出現した樹種の多くはオンバズ村周辺には生育していない。
さらに、サルバドラは生育する場所や根に特徴がある。サルバドラは、年降水量二〇〇ミリメートル以下の非常に乾燥した地域にも生育可能で、砂丘やマウンド状の地形の上に出現することが知られている[12][13]。これは、サルバドラが根を地中深くまで伸ばし、水分を得られるためと考えられる。ナミブ砂漠でも砂丘上にサルバドラが覆いかぶさるように生育し、地中深くまで根を伸ばしていることが報告されている[14]。私も一度、シロアリ塚の上に生えていたサルバドラの稚樹の根を掘

シロアリ塚には特徴的な形の植物が多く、綺麗な花や美味しい果実をつけるものも多い。

ったことがあるが、三〇センチメートルほどの地上部に対して、根は途中で切れてしまったものの、一・五メートル以上伸びていた。ムヤコ村でも「土の塔」は非常に硬く、植物の生育に適した場とは言い難い（後で述べるが、丘のようなシロアリ塚は植物の生育適地になっている）。にもかかわらず、その「土の塔」に植物が生育しているのは、サルバドラを含めて、こういった植物の特性が関係しているかもしれない。

　また、5章で詳しく説明するが、動物相についてもナミビア北東部は特に多様性の高い地域である。もちろん、オンバズ村周辺でも動物は見かけるが、ムヤコ村に比べると頻度はかなり低く、出会う種も異なる。人びとの話からも、オンバズ村ではチーターやシマウマ、蛇、サソリに対して、ムヤコ村ではゾウ、カバ、ワニ、ライオン、ハイエナといったように動物相の違いがうかがえる。このように、シロアリ塚自体が鳥の止まり場となりうる状態かどうか、そこに生育している植物の種や特性、加えて、種子を運んだり、餌場や巣として利用したりする動物相などの絶妙な組み合わせによって、ムヤコ村の〃「土の塔」に乗った木〃は生まれているのではないかと考えている。

「シロアリ塚の森」は本当に〝多様〟か？

モパネばかりの単調な林の中で、こんもりとした「シロアリ塚の森」は目を引く。目を引くのは、その森がスカスカのモパネ林に比べて木々が密集していることに加えて、モパネ林には見られない植物が多く生育しているからだ。シロアリ塚には、ユーフォルビア（トウダイグサ科 *Euphorbia ingens*）やサボテン（サボテン科 *Opuntia ficus-indica*）のように、そこにしか生えていない、かつ、特徴的な形をした植物が多い。シロアリ塚の大きさも直径数メートルのものから直径三〇メートルを超える小さな山のようなものまでさまざまだ。サルバドラがシロアリ塚に覆いかぶさるように生育し、ほとんどシロアリ塚が見えないもの。なだらかな丘にユーフォルビアやコミフォラ（*Commiphora*）が疎らに生え、シロアリ塚の地肌が見えるもの。直径四〇メートルを超える丘の上に木々が生い茂り、そのうっそうとした森の中を覗くと「土の塔」がニョキニョキと建っているもの。大きなバオバブの木が傍に立っているもの。

このようなさまざまな〝個性〟をもつシロアリ塚は、塚自体の形やサイズ、そこに生える植物の奇怪な形や本数、生え方などが組み合わさり、位置を知るランドマークになる。私も調査中に道に迷った際、何度もシロアリ塚（とカソコニャ）に助けられた。迷子になると、カソコニャはまず、近場のシロアリ塚を探す。そこに行き着くと、大抵は「あ〜ここか。チサト、この〝チウル〟（ムヤコ村でのシロアリ塚の呼び名）、覚えてるか？　いついつ調査したやつだよ。だから、こっちが家の方向で、今はこっちに行けばいいんだ」といった具合に自分たちの位置がわかる。

これらの個性豊かな「シロアリ塚の森」は、単調なモパネ林の中で明らかに〝多様な森〟であるように見える。しかし、「見える」だけでは研究にはならないので、本当に「シロアリ塚の森」が周辺に比べて多様か、を調べてみた。まず、直径が二〇メートル以上ある大きなシロアリ塚を探し、シロアリ塚上に二〇メートル四方の調査区を設置した。つまり、調査区内の樹木はすべてシロアリ塚の上に生育している。次に、対照区としてシロアリ塚から五〇メートル以上離れた（シロアリ塚のない）地点に、同面積の二〇メートル四方の区画を設置し、両調査区で毎木調査を行った。毎木調査というのは、調査区内で対象となるすべての樹木を調査することで、調査の目的によって対象木の大きさや種類は変わる。ここでは成木を対象にし、樹高一・三メートル以上かつ胸高直径一センチメートル以上のすべての樹木の樹高と（測れれば）胸高直径を測定し、樹種を同定した。調査区はシロアリ塚に一三個、対照区として一三個設置した。

樹木の樹高を測る際には、オンバズ村と同じ方法（2章第2節）に加えて、カソコニャを物差しにする方法をとった。この〝カソコニャ物差し法〟は、まず、カソコニャの背の高さと手を真上に高く上げた、その手の先までの長さを測っておく。そして、彼に木のそばに立ってもらい、私は少し離れたところから、〝カソコニャ物差し〟を目安に樹高を測る。樹高の高い樹木に対しては、カソコニャに一メートルの折れ尺を持ってもらい、〝カソコニャ物差し〟を少し延長する。彼は背が高いので、これで三・五メートルほどの高さになる。こんな方法なので、数センチ単位の精度は望めない

特徴的な形のユーフォルビアはシロアリ塚がある場所の目印

サルバドラの覆いかぶさったシロアリ塚

植生の疎らなシロアリ塚

傍らにバオバブの生えるシロアリ塚

シロアリ塚はその大きさ、形、そこに生育する植物によって実に多様。ひとつとして同じものはない。

バオバブの大木

幹回りが10メートルを超える巨大なバオバブ。幹に寄りかかっているカソコニャが豆粒のように小さく見える

が、ここではこの方法が一番、手間がかからず、かつある程度正確な方法だった。オンバズ村で使っていたハンドレベルを用いる方法も場合によっては使ったが、ムヤコ村では、木はシロアリ塚の上に乗っているため、樹高を知るためには、木のてっぺんまでの高さから木の根元の高さを引く必要がある。しかし、シロアリ塚の上には木が密に生えているため、木の根元が見えないことが多く、その場合には木の根元の高さが測れない。その点、カソコニャ物差し法は、森の中でカソコニャが振る手や折れ尺が見えれば測定ができる。カソコニャも調査に慣れてくると、こちらから指示しなくても要領よく進めてくれるので、ここではこの方法が一番効率的だった。

幹がトゲトゲの木

数センチもある大きく太い棘が幹をびっしりと覆う *Senegalia nigrescens*。

胸高直径の測定は簡単だ。樹木の胸高直径は、胸の高さ（一・三メートルとすることが多い）の樹幹の太さをメジャーやノギスを使って測る。日本で毎木調査をすると、木が太いのでメジャーを幹に一周させるのが一苦労で、二人かがりでメジャーを幹に巻き付けることもある。だがナミビアでは、そんな抱えるほど大きな木はバオバブくらいしかないので、胸高直径の測定は大抵一人で充分。メジャーを一つひとつの木に巻き付けて円周長を測り、あとで直径を計算する。メジャーの目盛を読むだけですでに直径に換算されている直径巻という便利な道具もあるが、私は汎用性の高い普通のメジャーをいつも使っている。だが、ナミビアで一つ困るのは、棘のある木がとても多いことだ。車のタイヤでさえ突き通してしまうほどの棘を持つものや、幹に棘がびっしりついているものもあり、私の服はいつも穴だらけになる。

この調査からシロアリ塚のない対照区では一ヘクタールあたり一〇〇〇本程度の樹木が出現し、その七割以上をモパネが占めていることがわかった。それに対して「シロアリ塚の森」には、対照区の三倍近い密度（一ヘクタールあたり約二八〇〇本）で樹木が生育し、三倍以上の樹種が出現した。「シロアリ塚の森」には、対照区には生育していない特有の樹種が多く、記録された四〇種の樹木のうち、約半数の二一種が「シロアリ塚の森」にのみ出現した。これに対して、対照区にのみ出現した樹木は四種だった。樹木の多様度指数（個体数と種数から算出する）を比べてみても、シロアリ塚は対照区に比べて、多様度が高いことがわかった。さらに、シロアリ塚上の樹木は、大きさも〝多様〟だ。平均樹高はシロアリ塚の三・九メートルに対して、対照区では四・四メートルだった。しかし、シロアリ塚では、樹高一〇メートル以上の樹木が三％程度を占めるのに対して、対照区では樹高一〇メートル以上の樹木は一％にも満たなかった（最大樹高：シロアリ塚一六メートル、対照区一二メートル）。つまり、シロアリ塚には背の低い樹木から背の高い樹木までさまざまなサイズの樹木が生育している。幹の太さも同様で、シロアリ塚・対照区ともに、一〇センチメートル以下の樹木が約九〇％と最も多いが、シロアリ塚には対照区にはない三〇センチメートル以上の樹木も一％以上出現した（最大胸高直径：シロアリ塚一一六センチメートル、対照区四一センチメートル）。まとめると、この地域ではシロアリ塚に強く依存した樹種が多く、植物の多様性が低いモパネ植生帯において、シロアリ塚はより多くの種の大きさも多様な植物を育む貴重な場のひとつになっていることがわかった。

なぜ、多様な「シロアリ塚の森」ができるのか？

なぜ、シロアリ塚には、こんな多様な森が形成されるのだろうか？　何もない「土の塔」のシロアリ塚にまず一本の樹木が侵入し、その一本から二本へ、二本から三本へ……大きなシロアリ塚の丘には一〇〇本もの樹木が生育している。これまでの先行研究では、「シロアリ塚の森」が多様な植物で構成される要因として、シロアリ塚土壌が周囲に比べて肥沃であることや、シロアリ塚の微地形が植物にとって野火や洪水からの避難地になることが指摘されてきた。つまり、シロアリ塚は植物の生育（定着）適地であるために、多くの植物の生育を可能にするというのだ。

シロアリ塚を構成する土は、シロアリの種ごとの食性や塚の建設方法によって多少異なるものの、周辺土壌に比べて肥沃であることが多くの地域で確認されている。オオキノコシロアリの塚もその一つである。オオキノコシロアリは、枯死した植物体を一度体内に取り込み、糞として排出したものを餌として与えることで、キノコ（菌園）を栽培している。そのため、巣内にはシロアリ自体を含めて多くの有機物が存在し、オオキノコシロアリの塚の土壌は周囲に比べて有機物含量が多い[15]。このように土壌が肥沃なシロアリ塚は、植物にとって生育しやすい環境といえる。特に、植物が定着

表3　シロアリ塚と周辺の土壌成分

	シロアリ塚			周辺			*p*値
pH	7.84	±	0.38	6.99	±	0.71	**
電気伝導度（mS/m）	100.79	±	103.97	38.24	±	46.49	**
全窒素（mg）	2063.42	±	1412.64	652.07	±	366.21	*
P（mg/kg）	18.60	±	10.35	3.44	±	1.76	***
K（mg/kg）	756.73	±	544.01	171.96	±	131.74	***
Ca（mg/kg）	4861.95	±	720.93	1513.33	±	1869.64	***
Mg（mg/kg）	436.41	±	173.59	283.41	±	342.73	
$CaCO_3$（%）	1.28	±	0.69	0.29	±	0.17	***
有機炭素（%）	1.41	±	0.68	0.57	±	0.33	**
有機物（%）	2.44	±	1.17	0.98	±	0.57	**
Na（mg/kg）	556.59	±	1224.39	119.25	±	148.84	

シロアリ塚と周辺の各10か所で土壌のサンプルを採取。*p*値はt検定またはウィルコクソン符号順位検定の結果。$^{*}p<0.05$、$^{**}p<0.01$、$^{***}p<0.001$

しにくい条件と考えられる硬さや「塔」のような形が取り除かれ、丘のようになった古いシロアリ塚は、結果的により多くの植物が生育する場になるようだ。

ムヤコ村周辺のシロアリ塚はどうだろうか？　ムヤコ村でうっそうとした「シロアリ塚の森」の中を歩くと、足元は落ち葉でふかふかしている。対して、モパネの疎林では、ほとんどの場合、地面はむき出しでカチカチだ。こんな見た目や感覚から、ムヤコ村でもシロアリ塚は肥沃そうだと予想していた。その予想を裏付けるように、村の人たちは農地の中にあるシロアリ塚の上や周りにわざわざ作物を植え付けていた（4章）。しかし、実際にシロアリ塚が肥沃であることを数値で示さないと科学的な研究にはならないので、シロアリ塚と周辺の土壌に含まれる成分を分析した。予想通り、シロアリ塚の土壌は周辺土壌に比べて、全窒素・リン・カリウム・有機炭素・カルシウムなどの植物の必須元素に加えて、有機物もより多く含まれていた（表3）。驚くべき発見ではないが、これまでの多くの先行研究が示してきた通り、ムヤコ村においても、シロアリ塚の土は肥沃であることが確かめられた。

さらに、アフリカのサバンナでは、定期的に発生する野火や洪水がその植生動態を駆動する攪乱要因として重要な役割を果たしている。サバンナでは、落雷などによって自然発生する野火と人為的な野火が定期的に発生し、これが植物の更新を促すことでサバンナ生態系が成り立っている。加えて、アフリカでは農地の開墾や見晴らしの確保、さらには、下層植生の更新を促すためなど、さまざまな理由で人びとが火入れを行う。ナミビアでも、例えば、カプリビ回廊のカラハリウッドランドでは、地元の人びとによって定期的な火入れが行われている。火入れによって草本の更新を促し、草食動物にとって良好な餌場を作り出すことで、狩猟や放牧を行いやすくするためだという。小高い微地形であるシロアリ塚は、植物にとってこのような野火や洪水からの避難地になり、特に耐火性の低い樹種や水分条件に敏感な樹種にとっては限られた生育適地になる。実際に、ウガンダやジンバブウェのサバンナにおいてオオキノコシロアリの（塚を起源とした）大きな塚を調査した研究では、小高いシロアリ塚の上には火が届きにくく、周辺に比べて耐火性の低い樹種が多く生育していることが報告されている。[16][17] このようにシロアリ塚は、その土壌が肥沃であることやその丘のような微地形から、特定の種の限られた生育適地となり、植物の避難地となるため、周辺とは異なる植生が形成される、というわけだ。

これまでに指摘されているこれらの要因に加えて、種子散布という過程も気になる。植物が更新する過程は、親の元に実った子である種子がどこかへ運ばれる種子散布の段階と、その後、運ばれた場所で種子が発芽し、根を伸ばし、栄養を吸収し大人になっていく発芽・生存・生長の段階に分けられる。先に挙げた土壌養分、野火、洪水は、後者の発芽や生存、生長の過程に関わる要因であり、先に示したように過去に研究が行われている。一方、種子散布は、これまで「シロアリ塚の森」ができる過程で検討されていなかった。もし、シロアリ塚に到着する種子たちが、すでに何らかの要因によってふるい分けされていたとしたら、それも多様で特異な「シロアリ塚の森」の形成につながる可能性がある。

これらの土壌、野火、洪水、種子散布といったさまざまな要因のどれが多様な「シロアリ塚の森」の形成に(強く)影響しているのだろうか? 繰り返しになるが、「土の塔」から「シロアリ塚の森」になっていく過程には、長い時間がかかる。長い時間をかけずに、今ある「シロアリ塚の森」から、複数の要因のどれが〝効いているのか〟知る方法はないものか? 私は、いろいろと文献を調べ、植物の〝機能形質〟を見てはどうかと思い至った。機能形質というのは、環境との相互作用に影響する生物の形質を指し、個々の生物の形質として現れる形態・生化学・生理・構造・フェノロジー・行動などの特性である。これらの機能形質は、気候や土壌、攪乱への応答として現れるもの、種子散布の結果として現れるものなど、その植物たちが置かれている環境との相互作用によって特徴づけられる。

樹木の機能形質の例を挙げよう。樹木は葉で光合成を行うことでエネルギーを生み出す。光合成によってより多くのエネルギーを生み出すためには、大きな葉を長い期間つけることが理想的だが、一方で、葉を生産し維持するためには、養分や水分などの資源がより多く必要である。そのため、乾燥や低温といったストレスのかかる環境下では、樹木は葉の寿命や大きさ、落葉／常緑といった季節性（フェノロジー）を変えることでその環境に対応している。乾季と雨季が明瞭なサバンナにおいて、乾季は植物にとって非常にストレスの高い環境といえる。そのため、サバンナでは基本的に一年中（特に大きな）葉を維持することは難しく、乾季の間、葉を落とす落葉樹、または非常に小さな葉をもつ常緑樹が多くなる。つまり、樹木の葉のサイズやフェノロジーというのは、気候や土壌に対応する形質の一つといえる。

これらのことから、「シロアリ塚の森」と周辺のモパネ林で樹木の機能形質を比べれば、シロアリ塚がどんな環境との相互作用の上に出来上がっているのかわかるのではないか、と考えた。そこで、「シロアリ塚の森」の形成に関わりのありそうな土壌と攪乱（野火と草食動物の採食）への応答、および種子散布の結果として現れる形質に着目して、「シロアリ塚の森」を見てみることにした。この調査では、葉や樹木、果実・種子に関わる一六の機能形質を調べたが、話がややこしくなるので、ここでは注目する形質についてのみ、少し詳しく説明しておこう。

葉は、大きさ、厚さ、葉乾物含有量（乾燥重量／湿重量で表す。葉の水分量や強度の指標）、葉の窒素・炭素含有率といった項目を測定した。また、樹木の窒素固定能力の有無とフェノロジー、果実・種子のタイプと散布様式について調べた。果実・種子タイプは液果、鞘、羽根つきの三タイプに分け

アカシアやヤシの種子が含まれ、芽を出したものもある。

た。散布様式は、文献から得られる散布様式や種子散布者の情報と、果実・種子のタイプや色を合わせて分類した。液果は果実の色と大きさによって、鳥散布種と哺乳類（主に草食動物）散布種に分類し、鞘は哺乳類散布種、羽根つきは風散布種とみなした（モパネは風散布種として分類）。マメ科樹木の多くは、鞘に入ったポッド（Pod）型の種子をつけ、形態的には自発散布（種子が弾けて種子を飛ばす）に分類される場合が多い。しかし、実際には一部は草食動物や鳥によって散布される。[6] 加えて、マメ科植物の葉や種子は草食動物の重要な餌資源でもあり、多くの草食動物の名がその採食者として挙がっている。[18] これらの草食動物の中には、植物を嚙み砕き、さらに反芻までして食べるものも多く、種子を散布するのは一部だろう。ただ、ムヤコ村周辺で最も存在感のある草食動物といえば、アフリカゾウである。彼らは種子をほぼ丸ごと飲み込むため、糞には大量の種子が含まれ、中には小さな芽をたくさん出しているものもある。これらのことから、種子散布者にならない草食動物も多いため多少乱暴ではあるが、この地域でのアフリカゾウのインパクトの大きさを考慮してマメ科の樹木は哺乳類散布種として分類した。

さて、結果に移ろう。シロアリ塚に生育する樹木は、葉が薄く水分が多く、面積と炭素含有率、CN比（分解されやすさの指標）が小さい傾向が見られた。また、シロアリ塚上には、窒素固定能力を持つ樹木が少なく、常緑樹が多かった。これらはほぼすべて（葉の大きさ以外）、一般的に土壌の肥沃な環境で現れる形質とされ[19]、土壌の肥沃なシロアリ塚で見られる形質として矛盾しない。窒素は植物の生育に不可欠な物質だが、植物は自ら窒素を固定できない。そこで、例えばマメ科の植物は、根粒菌を根に共生させることで環境中の窒素を固定する能力を手に入れ、貧栄養な土地でも生育できる。先に述べたように、シロアリ塚の土壌は周辺に比べて窒素を含めて栄養分に富むため、窒素固定能力を持たない植物にとってシロアリ塚が限られた生育適地になっている可能性が考えられる。また、常緑／落葉というフェノロジーは、気候や土壌に対応する機能形質であり、一年を通じて葉をつける常緑樹は肥沃な環境に多い傾向がある。[20]同時に、樹木のフェノロジーは、野火への耐性にも影響する。つまり、一年の一定の期間、葉を落とす落葉樹は野火への耐性が高く、常緑樹は比較的野火への耐性が低い。ここから考えると、シロアリ塚で常緑樹が多いことは、土壌が肥沃であることとの結果とも、シロアリ塚が野火からの避難地になっている結果ともとれる。ムヤコ村でシロアリ塚の土壌が肥沃であることはすでに示したので、ここでは野火について考えてみよう。

2015年1月、ムヤコ村周辺の一部の地域が水浸しになり、カソコニャと私は靴を脱いで歩いた。

ムヤコ村では、先に示したカラハリウッドランドの例のように、人による定期的な火入れは行われていない。ここでは農地を開墾する際、農地内に残った切り株や低木を燃やして除去するが、この火入れは、非常に限られた範囲で行われ、辺り一面を燃やすことはない。というか、モパネウッドランドにあたるムヤコ村では、火を入れて放置しても、草本などの燃えるものが非常に乏しいので(コラム2)燃え広がらない。加えて、モパネの材自体の燃えにくい性質(4章第4節)も関係していると考えられる。下層植生が欠乏していることは野火の際、燃えるものが少ないことを意味し、加えて、モパネ自体が燃えにくいため、野火が発生してもあまり広がらず、火の強度も低く抑えられるようだ。文献でも、モパネ植生はサバンナ生態系としては例外的に、野火の影響が少ないことが指摘されている。植生帯自体の特徴に加えて、このような人びとの行動も影響してか、二〇〇九年から現在までの間にムヤコ村周辺で大規模な野火の痕跡は見たことがない。より長いタイムスケールでの影響も考慮に入れる必要はあるが、そもそも可燃物が少ないというモパネ植生帯の特徴から見ても、少なくともムヤコ村周辺では、野火が「シロアリ塚の森」を生み出す主要因とは考えにくい。

野火のついでに、洪水についても少し触れておこう。先に述べたように、洪水は「シロアリ塚の森」を形作る一因とされているからだ。洪水の影響が指摘された論文[1]の調査地（ボツワナの氾濫原）と同様に、ムヤコ村周辺も雨季に部分的に水浸しになることがある。しかし、この浸水はかなり不定期で、数年おき、かつ毎回異なる場所で発生するため、その影響を検討することがとても難しい。私は二〇〇九年からほぼ毎年雨季にムヤコ村を訪れているが、水浸しを経験したのは二〇一五年一月の一度きりだ。この時も浸水範囲にシロアリ塚がないか探してみたが見つからず、これまで浸水の影響は検討できていない。

さて、機能形質の結果に戻って、種子散布に関わる形質について見てみよう。先に述べたように、植物の果実や種子の形態・性質は、

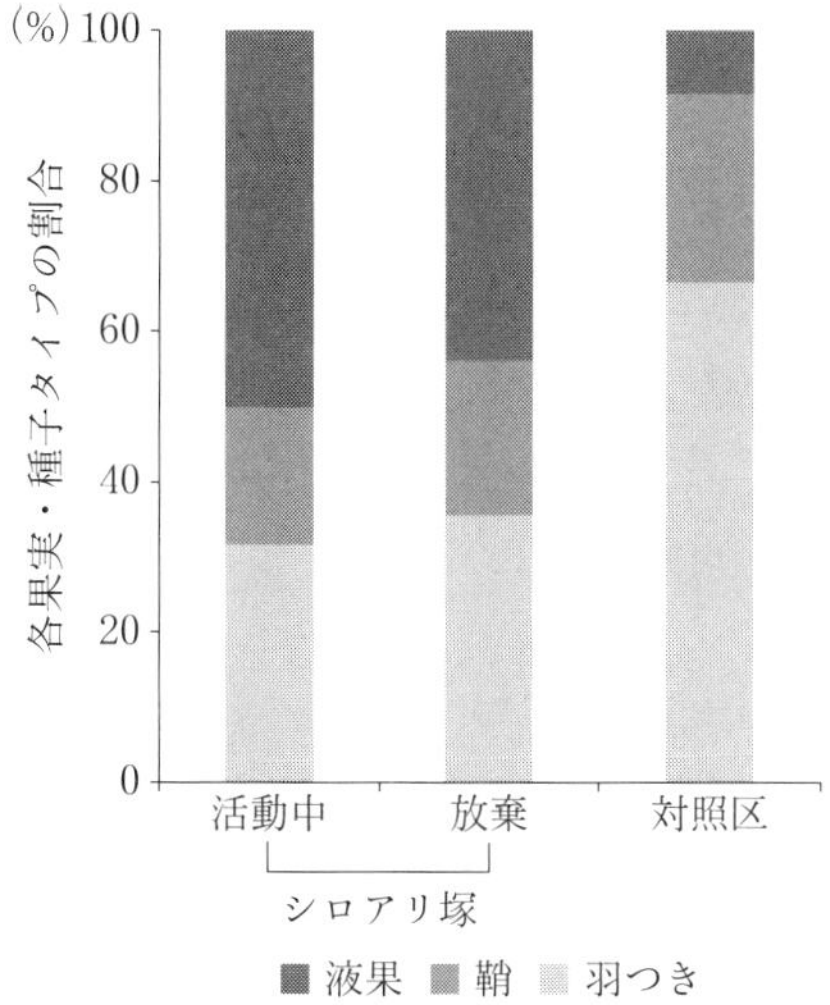

(%) 100 / 80 / 60 / 40 / 20 / 0
各果実・種子タイプの割合
活動中　放棄　対照区
シロアリ塚
■液果　■鞘　■羽つき

図7　シロアリ塚と周辺に生育する樹木の果実・種子タイプ

その種子が何によって運ばれるか（散布様式）によって異なる。もちろん、植物の種子は思わぬ形で散布されることもあるし、果実や種子のタイプからだけで推測するには限界があるが、木々（の種子）がそこに運ばれてきた過程のおおよその見当はつく。果実・種子の形質を調べたところ、シロアリ塚では液果をつける樹木の割合が高いのに対して、対照区では鞘と羽根つきが多くを占めた（図7）。散布様式で見ると、シロアリ塚には鳥・哺乳類散布種、対照区では風散布種が多いという結果が得られた（対照区で鞘に対応して哺乳類散布が多くならないのは、液果の中にも哺乳類散布として分類されたものがあるため）。この地域に多いマメ科樹木は、その多くが鞘型の種子をつけ、ここでは哺乳類散布種として分類された。一方、モパネはマメ科だが、例外的に風散布種子をつける。このように、シロアリ塚の外（ここでは対照区）では、モパネを含めたマメ科の樹木が圧倒的に多い中、なぜシロアリ塚には周囲と異なる果実・種子タイプや散布様式を持つ樹木が多く生育しているのだろうか？

動物たちがつくる「シロアリ塚の森」

「シロアリ塚の森」には、鳥散布種や哺乳類散布種が多い。ということは、「シロアリ塚の森」は動物たちによる種子散布によって形作られた、といいたいところだが、ここは少し慎重に検討する必要がある。いくらシロアリ塚の上に動物散布種が多いからといって、それが実際に動物によって運ばれた結果かどうかはわからない。樹木のフェノロジーが、土壌に加えて野火への耐性にも影響するように、一つの形質は一つの環境要因への応答の結果ではない。そのため、植物の機能形質をみることで、多様な「シロアリ塚の森」ができる過程で影響を与えている可能性のある要因を洗い出すことはできても、決定することはできない。例えば、シロアリ塚には液果をつける樹種が多く、この果実タイプは動物散布種として分類される。しかし同時に、液果は土壌の肥沃な場所に多く出現する。[21] つまり、「シロアリ塚の森」に液果をつける樹種が多いことは、動物散布の結果とも、シロアリ塚が肥沃である結果ともとれる。そこで、機能形質の調査から関係がありそうだと予測できた土壌という要因と、種子散布に関わる要因のどちらがより「シロアリ塚の森」を特徴づけているのかを検討してみることにした。分析の詳細はここでは省略するが、土壌と種子散布様式という二つの環境要因と、シロアリ塚と対照区に見られる植物群集の関係を分析するために、多変量解析という方法を用いた。多変量解析とは、簡単にいうと、調査によって得られた複数の値（観測値）間にどのような関係性（相関や因果関係）があるかを分析する統計的手法である。

分析の結果、そもそも周囲に比べてシロアリ塚で高い値を示していた土壌成分の多くが「シロアリ塚の森」と周辺の植物群集の種構成（の違い）を示す変数として選択されなかった。さらに、少ないが選択された土壌成分についても、「シロアリ塚の森」に特徴的な樹種とは対応していない一方で、「シロアリ塚の森」は鳥散布・哺乳類散布に、対照区は風散布に特徴づけられた。つまり、シロアリ塚の土壌は周辺の土壌と比べて肥沃だが、土壌の肥沃さとシロアリ塚を特徴づける樹種の分布は対応しない、ということになる。何だか回りくどい言い方しかできないが、要するに、シロアリ塚土壌の肥沃さだけでは「シロアリ塚の森」に強く依存した樹種の分布を説明できず、動物による種子散布も「シロアリ塚の森」をつくる一因である可能性が示されたのだ。[22]

さらに、一つひとつのシロアリ塚上で、各樹種がどの位置に分布しているかを詳しく見てみると、おもしろい傾向が見えてきた。調査を進める中で、いつもシロアリ塚の端っこに出現する木、いつもシロアリ塚の中央付近に出現する木など、樹種によってシロアリ塚上での〝定位置〟があることに気づいた。そこで、シロアリ塚上での各樹種の分布の傾向を見ようと考え、シロアリ塚の地形断面図を描き、その上に各樹種の分布を乗せてみることにした。地形断面図とは、地形を垂直に切断し、その断面を図化したものである。はじめに、シロアリ塚の中心を通るように測線を決め、その線に沿ってメジャーを置く。私はハンドレベル、カソコニャは折れ尺を持って二メートル離れて立ち、私がハンドレベルを覗いてカソコニャが地面に突き立てている折れ尺の目盛を読み記録する。終わったら二人とも二メートル進み、再び同じことをする。これを繰り返して測線の上を進んでいく。この調査からシロアリ塚の地形断面図が描ける。測量が終わったら、次は測線に沿って再度歩き、両側一メートルに出現する樹木の位置（メジャーの目盛）、樹種、樹高、胸高直径を記録していく。この一連の調査から、一つのシロアリ塚の上でどこにどの樹種が分布しているかが一目瞭然になる。

この調査をシロアリ塚一五個分行い、シロアリ塚上で各樹種の分布はランダムではなく、樹種ごとに決まったパターンを示すことがわかってきた。例えば、サルバドラはいつもシロアリ塚の中心付近に分布する一方、モパネはシロアリ塚の周縁部に多く出現する（図8）。さらに、各樹種の種子散布様式を見てみると、中心付近に出現する樹種は鳥・哺乳類散布種、周縁部に出現する樹種は風

郵便はがき

料金受取人払郵便

左京局
承認

3174

差出有効期限
2024年3月31日
まで

606-8790

(受取人)
京都市左京区吉田近衛町69
京都大学吉田南構内

京都大学学術出版会
読者カード係 行

▶ご購入申込書

書　名	定　価	冊　数
		冊
		冊

1. 下記書店での受け取りを希望する。

都道府県　　市区町　　店名

2. 直接裏面住所へ届けて下さい。

お支払い方法：郵便振替／代引　　公費書類(　　)通　宛名：

送料
ご注文 本体価格合計額　2500円未満:380円／1万円未満:480円／1万円以上:無料
代引でお支払いの場合　税込価格合計額　2500円未満:800円／2500円以上:300円

京都大学学術出版会
TEL 075-761-6182　学内内線2589 / FAX 075-761-6190
URL http://www.kyoto-up.or.jp/　E-MAIL sales@kyoto-up.or.jp

お手数ですがお買い上げいただいた本のタイトルをお書き下さい。

（書名）

■本書についてのご感想・ご質問、その他ご意見など、ご自由にお書き下さい。

■お名前

（　　歳）

■ご住所

〒

TEL

■ご職業

■ご勤務先・学校名

■所属学会・研究団体

■E-MAIL

●ご購入の動機

A.店頭で現物をみて　B.新聞・雑誌広告（雑誌名　　　）
C.メルマガ・ML（　　　）
D.小会図書目録　E.小会からの新刊案内（DM）
F.書評（　　　）
G.人にすすめられた　H.テキスト　I.その他

●日常的に参考にされている専門書（含 欧文書）の情報媒体は何ですか。

●ご購入書店名

都道府県　　市区町　　店名

※ご購読ありがとうございます。このカードは小会の図書およびブックフェア等催事ご案内のお届けのほか、広告・編集上の資料とさせていただきます。お手数ですがご記入の上、切手を貼らずにご投函下さい。
各種案内の受け取りを希望されない方は右に○印をおつけ下さい。　案内不要

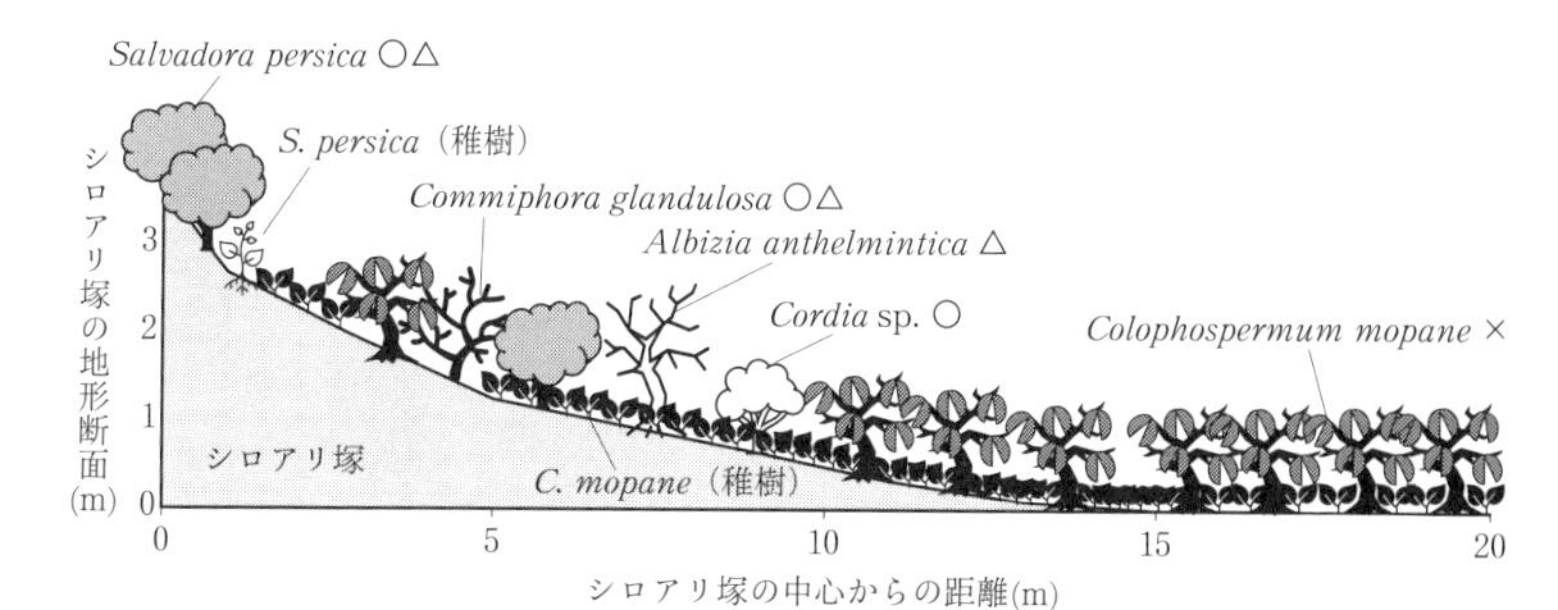

図8　シロアリ塚と周辺の樹木の分布（一例）

1)○：鳥散布種、△：哺乳類散布種、×：風散布種
2)稚樹は樹高0.3m≦1.3m（それ以外は成木1.3m以上）

散布種という傾向が見られた。シロアリ塚の周縁部には、モパネの稚樹や実生も多く生育していた。

この結果は何を示しているのだろうか？　シロアリ塚が「土の塔」から丘へと変化することや、「土の塔」には最初にサルバドラが侵入する（ことが多い）ことを合わせて考えれば、中心付近の樹木が先にシロアリ塚に侵入し、塚の形態の変化に伴って周縁部の樹木が後から侵入してきたと考えられる。風散布種であるモパネの種子は風に運ばれ、シロアリ塚の〝縁（へり）〟に溜まり、そこで発芽・定着し、徐々にシロアリ塚上にも分布を広げるのではないだろうか。実際に、モパネの平たい種子が、風（や時には水）によって吹き溜められている様子は雨季にはよく見られる。「シロアリ塚の森」に生育している樹木でも、シロアリ塚というスポットにポンと運ばれた樹種と、周りからじわじわとシロアリ塚上に侵入していく樹種というように、侵入の仕方にも違いがありそうだ。

5 シロアリ塚で出会う動物たち

シロアリ塚に住み、シロアリ塚で食べる

「シロアリ塚の森」を調査していると、そこかしこに生き物の気配を感じる。スカスカのモパネ林では、美しい純林を眺めながらのんびり歩いていられるが、うっそうとして視界の利かない「シロアリ塚の森」では、さまざまな生き物の気配にピリリと気が引き締まる。覗いても奥まで見えない深く暗い穴、硬いシロアリ塚の表面には鋭い爪跡、大小さまざまな動物の糞、樹上の巨大な鳥の巣……。これらの痕跡に加え、実際に動物に出会うこともしばしばである。「シロアリ塚の森」は動物たちにとって、どんな場所なのだろうか。ここでは、シロアリ塚で出会う動物たちについて紹介する。

調査中、シロアリ塚を見つけて近づくと、猫ほどの大きさの動物が数匹、目にも留まらぬ速さでシロアリ塚の中に駆け込んでいく。マングースだ。彼らはシロアリ塚を巣穴として利用するため、調査中最もよく出会う。シロアリ塚上の大きな木（*Lonchocarpus capassa*）を見上げると、そこにはミナミジサイチョウ（*Bucorvus leadbeateri*）の巨大な巣がある。ミナミジサイチョウは体長一メートル、羽を広げると二メートル以上もある大きな鳥だ。小動物を餌とするミナミジサイチョウが人を襲うこ

シロアリ塚に残る動物たちの気配

左から樹上の鳥の巣、巣穴、動物の糞。

とはまずないが、調査中、こいつが頭上にバサバサと飛んでくると結構怖い。またある日には、調査中カソコニャが悲鳴を上げて「シロアリ塚の森」から飛び出してきた。驚いて彼の方を見ると、彼のすぐ後ろで、〝スカペ〟(ラーテル *Mellivora capensis*) がカソコニャを森から追い出し、踵を返して戻っていくところだった。彼の名誉のために言っておく。ラーテルは体長六〇センチメートルほどのタヌキを一回り大きくしたほどの動物だが、どっしりとした体格で、地を這うようにかなり速く走る。加えて、非常に頑丈な歯を持ち、一度噛みついたら二度と離さないという凶暴なやつである。ライオンやゾウでさえ、恐れて近づかないという。

「シロアリ塚の森」でカメラトラップ

こんな風にシロアリ塚では実にさまざまな動物に出会う。ほかにはどんな動物たちがシロアリ塚を訪問したり生息したりしているのだろうか? どんな動物がそこにいるかを調べるには、直接観察する方法や罠（トラップ）などを使って捕獲する方法、糞や毛、足跡などの痕跡を調べる方法などがある。例えば、大型の草食動物であれば直接観察や痕跡調査、小型の哺乳類であれば罠を使った捕獲調査など、対象とする動物の種や大きさ、調査の目的に合わせて適切な方法を選ぶことになる。さまざまな動物を対象にする場合、これらの中からいくつかの方法を組み合わせて調査するのがよいのだろうが、その方法に進むためにも、まず大まかにでも網羅的に動物相を把握したい。そこで、〝カメラトラップ〟を試してみることにした。

カメラトラップは、文字通りカメラを罠（トラップ）として、動物の姿を写真として捉えるものだ。観察したい場所に自動撮影カメラを設置するだけで、あとはカメラが勝手に動物を撮影してくれる。カメラの前を動物が通ると自動的にシャッターが切られ、静止画または動画が撮影される。赤外線センサーで動物を感知するので、夜間も記録できる。日中はもちろん、夜間にシロアリ塚にどんな動物がいるのかは、とても興味があったものの、暗闇の中での調査は安全上や技術上なかなか難しい。そんな中、このカメラトラップという方法は、昼間は見ることができない夜のシロアリ塚の様子を垣間見ることができるというメリットもあった。

カメラトラップを設置するにあたり、まず大きく、かつ、人目に付きにくそうな「シロアリ塚の森」を探した。カメラが誰かに見つかると厄介なので、住居や農地がそばにないか、人や家畜の通り道が近くにないか、誰かが木を切っている場所ではないか、カソコニャの力を借りて調べた。良さそうなシロアリ塚が決まったら、カメラを取り付ける。できるだけ多くの動物を観察したいが、カメラのセンサーは、反応する範囲が決まっている。そのため、今回は地上性の比較的大きな動物に対象を絞り、カメラを地面から一メートルほどの高さに設置することにした。大きな木の樹幹にチェーンを巻き、カメラを取り付けて南京錠で鍵をする。径一センチメートル弱の細いチェーンと三〜四センチメートルの南京錠なので、村の男性たちが持つ〝なた〟には到底太刀打ちできないが、「大事なものです」という気持ちを込めている。シロアリ塚の上を通る動物を効率よく捉えるために、カメラはできるだけシロアリ塚の端にある木に取り付け、シロアリ塚の中心に向けて設置した。数

いろいろな動物の足跡

シロアリ塚上の木にチェーンで取り付け、南京錠で鍵をする。

日おきにカメラを見回り、データを回収するとともに、きちんと動いているか、電池は十分か、向きは良さそうかをチェックした。五つのカメラを（最大）三週間設置して、データを回収した。

この一か月弱ほどの調査の結果、一〇種を超える哺乳類と鳥類が撮影された。この数が多いのか少ないのかは、正直まだわからない。まず、シロアリ塚の外で同じ調査をしてみないと、「シロアリ塚の森」で特に多いのか少ないのかは言えない。加えて、カメラは地上性の比較的大きな動物を対象に設置したため、ネズミなどの小型の動物や樹上を主に利用する鳥や哺乳類などは把握できていない。また、種数に関しても、例えば先に記したサルバドラでの直接観察では、三日間で二〇種が観察され、このカメラトラップに比べて多くの動物が見つかっている。だが、直接観察の場合は、視野が格段に広いこと、果実がたわわに実った樹木だけを見ていたこと、訪問した動物の多くが鳥であったことなど、カメラトラップとは条件が大きく異なるため、単純な比較はできない。このように、このカメラトラップ調査では、まだ「シロアリ塚の森」を訪れる動物の一部を把握できたに過ぎない。だが、私はもちろんカソコニャでさえ見たことがない動物が多く撮影され、直接は観察が難しいであろう近距離での採食行動なども観察することができた。

アフリカゾウ（*Loxodonta africana*）は長い鼻を伸ばし、シロアリ塚上の植物（恐らくコミフォラの一種）を採食する様子がばっちり映っていた。ベルベットモンキー（*Chlorocebus pygerythrus*）は群れでシロアリ塚を通過し、その途中、シロアリ塚上で何かをつまんで口に入れていた。シロアリ食者であるツチブタは、やはり登場回数が多く、夜の闇に紛れてシロアリ塚の周辺を頻繁にウロウロしていた。ケープタテガミヤマアラシ（*Hystrix africaeaustralis*）は毎晩、同じシロアリ塚の同じ場所から出ていき帰ってくる様子が繰り返し記録されていた。このシロアリ塚に巣があったのではないかと思っている。そのほかにもセグロジャッカルやジェネット、アンテロープの仲間、イボイノシシなどが撮影された。先行研究では、多くの爬虫類や小型哺乳類がシロアリ塚を生息地としており、シロアリ塚は彼らの種多様性の維持に貢献していることも指摘されている。[23] したがって、小動物を餌とするセグロジャッカルやジェネットは「シロアリ塚の森」に狩りに来ていた可能性も考えられる（ジェネットは雑食性のため、果実などを食べに来ていた可能性もある）。アンテロープ、イボイノシシは、そ

左上から時計回りにアフリカゾウ、ケープヤマアラシ、ベルベットモンキー、イボイノシシ。

れぞれ草食、雑食であり、イボイノシシはツチブタの放棄した巣穴を利用することも知られている。だが、今回の調査や食性からはシロアリ塚とこれらの動物との間に特定のつながりがあるのかはよくわからなかった。たまたま映っただけかもしれない。それにしても、たった一か月程度の調査にもかかわらず、シロアリ塚でこんなにたくさんの動物を観察することができ、とても驚いた。

ちなみに、このカメラトラップに映った動物を確認する作業は、非常に楽しい。毎回、何が映っているかとワクワク、ドキドキしながら、一つずつ動画を確認していく。基本的には、動物が通った時にだけ動画が撮られるはずなのだが、実際には、風などによって葉が揺れたり、虫が飛んだりしてカメラが作動してしまうことも多い。そのため、例えば三日置いただけのカメラでも膨大な数の（多くは何も映っていない）動画データを確認する必要がある。カソコニャと一緒にこの確認作業をすることが多いが、動物が映っていたときには二人とも大興奮！アフリカゾウが映れば「もうあそこのカメラはチェックに行かないぞ！」と冗談（？）を言い合い、初めて見る夜行性のツチブタの姿には、二人して「これはなんだ？」ととても驚いた。私はもちろん、彼もこの確認作業を楽しみにしている。カソコニャと喜びを分かち合えることも含めて、辛いことが多い調査の中で、数少ない楽しい瞬間の一つだ。

これらのシロアリ塚で見られる動物は、例えば、アフリカゾウやミナミジサイチョウは絶滅危惧Ⅱ類に分類されているし、ミツアナグマやツチブタはシロアリ塚以外ではなかなか見ることができず〝珍獣〟と言われたりする。このような点からも、シロアリ塚がこの地域の豊かな生態系を支える非常に重要な場所であることがうかがえる。ザンビアやボツワナのミオンボウッドランドや南アフリカのサバンナでは、草食動物がシロアリ塚上の樹木の葉を好んで採食し、シロアリ塚が草食動物の「採食ホットスポット」になることが指摘されている[24][25][26]（一方で、〝シロアリ塚が草食動物の採食ホットスポットとならない〟例も報告されており、シロアリ塚が草食動物の採食のホットスポットとなるか否かは、周辺土壌の特徴や周辺植生の種組成、生育する樹種の特性などにもよるようだ）[27]。草食動物がシロアリ塚上の植物を好んで採食するのは、シロアリ塚上に生育する樹木が、その葉により多くのリンや窒素、カルシウム、マグネシウムなどの栄養素を含むことが一因であるという結果も示されている[24][28]。また、シロアリ塚上には周辺に比べて大きな樹木が多く、その樹木にできた洞が営巣地として利用され、樹洞性の鳥類の多様性維持に貢献していることも知られている。[29]

このようにシロアリ塚は、さまざまな動物が訪れ、巣を造り、採食・捕食する場になっている。採食や営巣の「ホットスポット」として多くの野生動物が訪れることは、動物によってシロアリ塚により多くの植物の種子が運ばれ、訪れた動物たちの糞や尿が養分として投入されることにつながる。こうして、シロアリ塚の森はさらに豊かになっていくと考えられる。

ところで、このカメラトラップ調査で、実はもう二つ別の哺乳類が撮影されていた。銃を携えたハンターとその連れの犬だ。先に示したように、シロアリ塚にはさまざまな動物がやってくる。もちろん、ハンターたちはそのことを知っているため、訪れる動物たちを狙って、シロアリ塚を巡回するらしい。この話はおもしろそうなのでもう少し詳しく調べてみたいのだが、なかなか難しいのが実情だ。ナミビアでは、全土で基本的に狩猟は禁止されている。したがって、そもそも（お金を払ってトロフィー・ハンティングをする人たち以外の）狩猟はすべて密猟ということになる。そのため、村でこっそり狩猟をしているハンターの人たちはほとんど話をしてくれない。話をしてくれないだけでなく、私がカメラを仕掛けることもとても迷惑なようだ。カメラトラップ調査をしたいと村の家族に話した時、カメラを壊されるくらいならまだいいが、調査中に出会ってしまうと最悪、危害を加えられる可能性もあるとお父さんから注意を受けた。そのため、カメラトラップの前には、お父さんを通じて、村のチーフに「学術調査のためにカメラを付けるけど、動物が撮りたいのであって、村の人の不利益になるようなことには決して使わない」と伝えてある。これまで何度か村の人にカメラを覗かれてはいたけれど、幸いにも今のところ、カメラを壊されたりしたことはない。

⑥ 毎日数十キロメートル

私の調査は一にも二にもシロアリ塚を見つけないと始まらない。調査の内容にもよるが、まず、シロアリ塚を見つけ、GPSで位置を記録し、シロアリ塚の大きさを測り、その上の木の高さや太さを樹種とともにノートに記録する。その後、そこに留まってさらにじっくり地形測量をしたり、樹木の実生を調べたり、シロアリ塚に来る動物を観察したり、はたまたすぐに移動して次のシロアリ塚に向かうこともある。例えば、「シロアリ塚に特徴的な樹木は何か」をデータから示したい場合、一つのシロアリ塚を調べるのでは不十分だ。そのシロアリ塚がとても変わったやつかもしれない。ある程度の量のデータを集めて初めて、傾向や特徴が見えてくる。一方で、アフリカは遠い。論文を書いている途中で、データが足りないからちょっと行ってくる、というわけにはいかない。調査地に滞在している限られた時間の中で、できるだけ多くのデータを集めなければならない。

例えば、二〇一〇年六〜七月のムヤコ村での調査時、課題は「シロアリ塚にどんな木が生えているのか？」だった。この約二か月間、多い日には一日二〇～三〇個のシロアリ塚を調査した。この辺りのシロアリ塚の分布密度は、平均で一ヘクタールあたり一～二個だ。そのため、密度から考えると、一〇～三〇ヘクタールを歩けば毎日のタスクは消化できる計算になる。五〇〇メートル四方より少し広い範囲で三〇ヘクタールである。だが、そうはうまくいかない。

まず、村の外に出る必要がある。ムヤコ村には二〇〇〇人弱の人びとが暮らしており、未舗装の一本道に沿って南北に約四キロメートル、東西に約二キロメートルの範囲に疎らに住居が散らばっている。後述するが、人家や畑近くのシロアリ塚は、作物の作付け地や家畜囲いとして使われている場合も多く、そもそも近づけないか、近づけても大規模に攪乱されている。どこまでを〝村〟とするかは難しいが、まずこうした人や家畜の影響がある地域を脱する必要がある。また、村の外に出たからといって、片っ端から調査できるわけでもない。野生動物も時にはシロアリ塚をめちゃめちゃにする存在で、アフリカゾウがその筆頭に挙げられる。アフリカゾウはその採食の仕方がものすごい。枝をことごとく折り、樹皮を剥ぎ取り、時には木を丸ごとなぎ倒す。こんなアフリカゾウの食事跡は一目でわかる。もちろん、アフリカゾウが食事をするのはシロアリ塚だけではないが、シロアリ塚上の木々が粉々にされている様子もしばしば見かける。こんな風に、人や家畜、時には野生動物によって大規模に攪乱されているシロアリ塚では、生育している樹木を正確に把握できないため、（右記の課題に対しての）調査データには加えられない。さらに、シロアリ塚は等間隔で分布していないため、何キロ歩いてもシロアリ塚に出会えない場所もあるし、ある程度分布している場所

樹皮は引き剥がされ、枝はへし折られている。

でも見渡した範囲に次のシロアリ塚は見えないことが多いため、グルグルと探し回らなくてはいけない。何キロ歩いても〝いいシロアリ塚〟が見つからないときもざらにある。

調査をする日は、日の出前の五時ごろに出発し、ひたすら歩き、シロアリ塚を見つけ、シロアリ塚やその上の木々を測り数える。比較的小さく、ぽつりぽつりと数本しか木の生えていないシロアリ塚であれば、調査は一〇分程度で終わるが、うっそうとした森のようなシロアリ塚では調査に二時間以上かかることもある。一つのシロアリ塚が終わったら、次のシロアリ塚を探してまた歩き出す。だいぶ仕事したな、と思って時計を見ると、まだ八時といった感じだ。お昼過ぎまで黙々と調査を続け、太陽の暑さと空腹が我慢の限界を迎えるころ、カソコニャに「そろそろ帰りたいな」という目を向け（「今日はいい場所に来たから、もう少し調査した方がいい」と言われることもしばしば）、帰途につく。

だが、大抵は家からずいぶんと離れた場所まで来ているため、この帰路が長い。暑さと疲労で頭はボーっとしているし、家までの道のりは永遠に続くように思える。はじめはカソコニャの大抵はくだらない話を聞きながら歩くが（彼は自他ともに認めるモテ男なので、女の子関連のくだらない話がいくらでもある）、徐々に二人とも無言になり、ただ機械的に足を運び続ける。南緯一七度に位置するムヤコ村では、正午近くの太陽は暑いを通り越して痛い。一度、気を抜いてタンクトップで一日ぶらぶらしていたら、首の後ろが火傷のようにただれ、寝ることもままならなかった。脳天に刺さるような暑さにもかかわらず、空気は極度に乾燥し、水も少ししか飲んでいないので汗は出ない。棒のようになった足を引きずりながら、お昼過ぎ、遠くまで行った日には夕方にようやく家に辿り着く。

そこで飲む生ぬるい水は世界一美味しい。そしてお母さんの用意してくれたご飯を食べて、ようやく生き返る。「はぁ、今日も歩いたな」なんて思いながら、GPSの移動距離を示す“distance”を見ると四〇キロメートル……！　この今日歩いた距離は、「こんなに歩いた！」と達成感を味わう気分よりも、「これだけ歩いてこれしかデータが取れていない」とか、「明日は今日行ったそのさらに先まで行かなきゃいけない」とか、疲労感を増幅させる材料にしかならないので、あまり見ないようにしている。そして気を取り直して、「さあ、明日はどっちの方向に行こうか？」という作戦会

こんな景色の中を何十キロも歩き回る。

議。この繰り返しが私の調査の日常だ。

もちろん、研究に頑張った賞はないし、調査の苦楽とデータの価値とは全く関係ない。私だってもっと楽に調査できるのであればそうしたい。だが、今のところ私にはこの方法しかやり方が見つからない。現地の人たちは（いつもふらふらしている男性だって）、牛やヤギが行方不明になれば、どこまでも歩いて探しにいく。家から何十キロも離れた場所を車で走っている時に、同乗していたカソコニャが車窓を指さし、「この前、うちの牛たちあそこの木の下にいたんだよ」などと言ったりする。もちろん歩いて探しに来たのだ。そんな数十キロなんて朝飯前（ここでは昼飯前だが）のカソコニャが、家族や知人に「チサトは強い！　いくらでも歩ける！」と話しているのを聞くと何だか誇らしい気分になる。そして、朝から晩まで畑仕事、水汲み、洗濯、料理と呆れるほど働きながら、いつも弾けるような笑顔と笑い声を絶やさないお母さんに、「○○（地名）まで行った？　ハァ〜!!　チサト!!　強いね〜」と言われると、「よし！　また明日も頑張ろう」と思える。言葉もろくに話せず、水汲みも、火を起こすことも、料理をすることも、家畜の世話も、畑仕事も、要するに何一つまともにできない私がこの場所で唯一認められる瞬間に思える。ここで私にできることは調査しかないのだ。

アフリカの人びととシロアリ

ここまで見てきたように、シロアリ塚はそれ自体が非常に印象的な姿をしていることに加え、内部には無数の生命体が蠢き、雨季にはそれらが塚から次々に這い出し空を埋め尽くす。その土は周囲と異なる肥沃な土であり、そこには特異な植物・動物たちが見られる。こんな風に、さまざまな面で異質な存在であるシロアリ塚は、アフリカの人びとの生活に、物質的な面だけでなく精神的な面においても深く関わっている。シロアリ塚の土は住居や道具の材になり、シロアリ自体や塚の上に実る果実、シロアリ塚だけから生えるキノコは貴重な食料になる。さらに、シロアリ塚は神や祖先、悪霊などとつながりのあるものとして人びとの世界観においても重要な意味を持つ。ここでは、ナミビアのオンバズ村・ムヤコ村を含め、アフリカの人びととシロアリやシロアリ塚との関わりについて紹介する。

シロアリ塚の土を使う

材料として使う

シロアリ塚の土は、ナミビアの中部から北部にかけて広く建築資材として利用されている。ナミ

シロアリ塚の周りの土を掘って型に入れて固め、レンガ(左端)を作る。

ビア中部では、シロアリ塚の土を使ってレンガを作っている。住居や倉庫の建設に使うようだ。オンバズ村とムヤコ村でもシロアリ塚の土は、建築資材として利用されるが、その利用の仕方は異なる。

オンバズ村では民族ごとに異なる形態の住居が見られるが、使われる材料はほぼ同じである。モパネの樹幹や枝を使って小屋の柱や骨組みを組み、その骨組みをモパネの樹皮で作ったロープで縛って固定する。その骨組みの上に、シロアリ塚の土、牛の糞、水を混ぜ合わせたものを塗り、土壁にする。屋根には(お金があれば)トタン、(お金がなければ)〃エホディ〃と呼ばれるイネ科の植物が利用される。壁は古くなるとボロボロと落ちてくるので、適宜塗り替えられる。

シロアリ塚の土で土壁塗り

シロアリ塚の土、牛の糞、水を混ぜて、土壁として塗っていく。オンバズ村の様子。

オンバズ村に滞在を始めて少し経った二〇〇六年九月、村の家族たちは私のために、それまで長い間放置していた古い小屋の修繕を始めた。ほとんど剥がれ落ちていた土壁を塗り直し、ほとんど吹き飛んでいた屋根を葺き直す作業が行われた。まず、土と牛の糞を集め、それらを水と混ぜて壁にベタベタと塗る。〝エホディ〟は〝山〟に採集に行き、屋根を葺く。土壁に使う土は、住居の周りに分布するシロアリ塚から採取される。その際、塚の部分を鍬などで崩して土を採取し、地上部をすべて使い終わった後は、穴を掘って地中部も利用する。同じ場所で繰り返し土を採取するため、長年使われている塚は凹地になっている。土を採取するシロアリ塚は比較的新しいものが好まれる。さらに、私は実際に見たことはないが、時には活動中のシロアリ塚も崩して利用するという。大変な時間と労力がかかる作業だと聞いた。二〇〇六年の壁の塗り替え作業で使用した土の量は、土を運ぶバケツ一杯分の重さから大まかに計算したところ、約一〇〇〇キログラムであった。二〇〇六年の九月から始めた小屋の修繕は、数日作業をしては数か月放置するといったのんびりとしたペースで進み、私の二度目のオンバズ村

小屋を葺く草本は"山"で採集する。枯れ草だが、この量だと結構重い。

での調査が終わりに近づいた二〇〇九年一月にようやく完成した。私は最初の滞在を終えて帰国する際、「また必ず来る」と言っていたが、恐らくみんな半信半疑だったのだろう。私が不在の間、小屋の修繕作業は止まり、再訪問した後、またゆっくりと作業が始められたのだ。土壁が多少はがれていようと、屋根が隙間だらけだろうと、小屋は使えるので、一回目の滞在時からずっと私はこの小屋を使っていたけれど。

なぜ、シロアリ塚の土を利用するのか村の女性たちに聞くと、「家がきれいにできる」、「石が少ない」といった答えが返ってくる。住居周辺の地表は赤土で覆われているが、地中には多くの礫が含まれている。私は土壌断面の観察や植物の根

オンバズ村では地中に礫が多く、非常に掘りにくい。

っこを掘り起こすため、何度か穴を掘ったが、礫がゴロゴロしていて非常に掘りにくい。数十センチ掘るのに何時間もかかることもある。一方で、シロアリ塚は小さなシロアリたちが運ぶ砂粒で造られるため、その土は細粒で粒が揃い、おまけに礫は含まれていない。村の人たちは、シロアリ塚の土がこのような「家がきれいにできる」良質の土であり、礫に邪魔されずに土を得られることを経験的に知っているため、わざわざ硬いシロアリ塚を崩してまで利用しているのだろう。

ムヤコ村でもオンバズ村と同様にシロアリ塚の土を住居の土壁材として使う。ムヤコ村では、高さ二〜三メートルの柵に囲まれた〝コートヤート〟と呼ばれる居住空間に、家族の人数によって一〜三個ほどの小屋が建てられる。小屋の周辺を囲う柵には湖畔に生育する背丈三メートル近い草本（アシの仲間）が利用され、数年ごとに交換される。小屋の材料はオンバズ村とほぼ同じで、柱や骨組み部分にはモパネ、屋根には湖畔に生育する〝リャニ〟と呼ばれるイネ科の草本、土壁には、シロアリ塚の土を利用する。骨組みの隙間に石を詰める点と、牛の糞を使わない点がオンバズ村とは異なる。

さらに、シロアリ塚の〝堀り〟方もオンバズ村とムヤコ村で少し異なる。ムヤコ村で土壁に利用されるシロアリ塚は、「土の塔」でかつ活動中の塚だけだ。放棄された塚は〝古いから〟という理由で利用されない。さらに、ムヤコ村ではシロアリ塚自体を崩すのではなく、地表に突き出た「土の塔」は残し、塚の周囲をドーナツ状にくり抜いて土を採取する。利用されるシロアリ塚は住居近くのもので、長期間にわたり複数世帯が同じシロアリ塚を利用することもある。

ムヤコ村のお父さんは二〇〇九年一〇月にコートヤート内に新たな小屋の建設を始めた。お母さんと子どもたちが、シロアリ塚から土を採取し、水と混ぜて、壁に塗っていく。この時利用したシ

湖畔に生えるアシ科草本

ムヤコ村の住居を囲う“柵”はリャンベジ湖畔で採集される。

ムヤコ村の小屋

ロアリ塚は住居のすぐ横にあった活動中のもので、カソコニャの世帯と共同で利用していた。二〇一〇年七月にほぼ完成した小屋の大きさは、横幅が約六メートル、奥行きが三メートル、高さ三・五メートルほどのかなり大きな小屋だったが、この新築の小屋に使用された土量は二〜四立方メートルに及ぶと見積もられた。シロアリ塚の周りは土の採取によって凹地になるが、この凹地が二〇〇九年一一月には幅三メートル×四・五メートル、深さ一メートル程度であったが、二〇一〇年六月には幅四・五メートル×六メートル、深さは最大で一・五メートルほどまで拡大した（先の土量はこの凹地の体積変化からざっくりと見積もった）。これだけ多くの土を活動中のシロアリ塚の周りから採取したにもかかわらず、二〇〇九年一一月から二〇一〇年一一月の間に、このシロアリ塚は高さが約一・二メートルから二メートルに〝成長〟した。このシロアリ塚の〝成長〟は、内部に暮らすシロアリのコロニーが順調に成長していることを示すため、人びとが土壁材としてシロアリ塚の土を採取することは、シロアリたちに大きな悪影響を与えていないことがわかる。

ここでも女性たちにシロアリ塚の土を使用する理由を聞いてみたが、「壁が割れない」、「家が長持ちする」、「自然のセメントだから」、「石が少ない」などの理由が挙げられた。地質図から判読できるこの地域の土壌は、粘土質を中程度（一五〜二五％）含み、土壌を粒度で区分した土性では、埴壌土にあたる。より詳細に土壌の粒度を分析したところ、シロアリ塚の土はより多くシルトを含む埴壌土（clay loam）、周辺土壌はより砂を多く含む砂質埴壌土（sandy clay loam）に区分できた（表4）。この地域を覆うカラハリサンドは、石英を主成分とする砂粒であるため、土壌は基本的に〝砂がち〟

であるが、シロアリ塚には局所的に細粒物質が集積している。細粒のシルトは砂に比べて凝集しやすいため、シルトを多く含むシロアリ塚の土を使うことで壁が割れにくくなると考えられる。ここでも村の人びとはこの特性を経験的に知り、シロアリ塚および周囲の土を選択的に利用しているのだろう。さらに、塚部分を崩さない理由についても、村の人たちは、「塚の煙突部分は壊すのが大変だから、周りの土を使う」と語り、シロアリのコロニーを存続させることを意図しているわけでは

周囲の土が削り取られても、シロアリ塚は順調に成長している。

表4　シロアリ塚と周辺の土壌粒径

	シロアリ塚			周辺			p値
砂（%）	62.30	±	10.79	73.15	±	28.67	
シルト（%）	20.34	±	9.04	10.27	±	7.36	*
粘土（%）	17.36	±	4.79	16.58	±	22.12	

（粒径2〜0.02mm：砂、0.02〜0.002mm：シルト、0.002mm未満：粘土）
p値はt検定またはウィルコクソン符号順位検定の結果。$^{*}p < 0.05$、$^{**}p < 0.01$、$^{***}p < 0.001$

ない。しかし彼らの使い方は結果的に、シロアリ塚を活動中の状態に保つことになり、塚が適宜修復され壁材に適した土が人びとに持続的に供給されることにつながっている。

このようにシロアリ塚を材料として使う例は、ナミビアに限らず、アフリカ各地で見られる。ファン・ハウス[1]は、アフリカにおけるシロアリ（塚）の文化的な役割についてまとめており、アフリカ各地で小屋や穀物庫のしっくいや、住居の壁や床の材としてシロアリ塚の土が使われること、また地域によってはそこに牛の糞やシアバター（アカテツ科 *Vitellaria paradoxa* C.F. Gaertn. の種子から抽出されるクリーム）を加えることを記している。シロアリ塚の土を使う理由としては、ナミビアで聞かれたのと同様に、壁がひび割れず、蚊や雨の侵入を防ぐ効果が期待できることが挙げられている。さらに、道具作りに登場する例も多く、例えば、トーゴでは竈、スーダンでは水がめを作る際にシロアリ塚の土が使われる。先に示したナミビア中部のレンガのように、シロアリ塚の土を用いてレンガや鍋をつくるという用途は、サハラ以南アフリカではかなり広く見られるようだ。西アフリカのナイジェリアでは、水をろ過するフィルターとしてシロアリ塚の一片を使い、ベナンでは鍛冶屋が古いシロアリ塚から鉄を抽出するという。これらの利用方法はみな、シロアリ塚の土がより細粒であることや、含まれる成分が周囲と異なるといった特性を活かしたものといえる。

土を食べる

シロアリ塚の土は食べ物にもなる。ナミビア北西部のオンバズ村では、人や家畜がシロアリ塚の土を食べる。特に、一〇歳前後から二〇歳前くらいの女の子たちがよくシロアリ塚の土を口にする。子どもたちがチョコレートを頬張ったような真っ茶色の口をしている時は、口いっぱいにシロアリ塚の土が詰め込まれている。口を開けてみせて「チョコレート」などと言っているが、特段美味しい！というわけではないようだ。何となく時々口に入れて口の中でモグモグしている。「女の子は土を食べると体が強くなる」のだという。私も子どもたちに強く勧められて何度か挑戦したが、ただの〝じゃりじゃりした土〟で、飲み込むことはできなかった。オンバズ村では家畜にもシロアリ塚の土を与える。村の人たちは、シロアリ塚を崩してその土をドラム缶に入れ、水をかけたものを家畜囲いの中に置く。家畜は放牧から戻るとドラム缶に頭を突っ込んでそれを舐めていた。

この土を食べる行為は、一般に土食と呼ばれるものだ。土食は古くからほぼすべての大陸で続いてきた習慣の一つで、[2] 古代ギリシャの医者であったヒポクラテスが「妊婦による土食」について記載している。[3] サハラ以南アフリカでは現在も土食の習慣が広く見られ、特に、女の子や妊娠中または産後の女性がシロアリ塚の土を食べることが知られている。[4][5][6] 妊娠中の女性による土食は、カルシウ

シロアリ塚の土を土管に入れ、与える。

ム補給や乳児の死亡率低下、低体重児の減少、妊婦の高血圧解消などに効果があるという[1][7][8]。こうした実際の効果に加え、シロアリ塚がもたらすイメージから女性との結びつきが語られる例もある。ケニアに暮らすルオの人びとは、その色や土壌の肥沃さからシロアリ塚を血や豊穣、生命を生み出すものの象徴とし、シロアリ塚の土食と女性や女の子とを結びつけて説明する[9]。

シロアリ塚の土食は、人や家畜に加えて野生動物でも見られる。チンパンジーによる土食もその一つで、シロアリ塚の土に含まれるミネラルの摂取や胃腸の調子を整えることがその目的といわれている[10]。また、中央アフリカの湿潤サバンナでは、アフリカゾウ、マルミミゾウ、クロサイ、キリン、イボイノシシ、ライオンなど、実に二一種もの野生動物がシロアリ塚の土を舐めに訪れることが報告されている。[11] シロアリ塚の土は周辺に比べて、ナトリウムをはじめ、カリウムやカルシウム、マグネシウムを多く含むため、[12][13] 野生動物たちはミネラルの摂取を目的としてシロアリ塚の土を食べると考えられている。

2 美味しいものを生み出すシロアリ塚

絶品キノコ

シロアリタケ。ムヤコ村での食事の中で一番美味しいものは何かと聞かれたら、私はこれを挙げる。人の顔よりも大きな真っ白いキノコで、シロアリ塚にだけ生える。ムヤコ村では、湖で獲れる魚や蓮の根、畑の作物である豆、カボチャ、イモなどオンバズ村に比べておかずの種類も豊富で、美味しいものが多い。その中でも〝シロアリタケ〟は格別に美味しい。大きなキノコを手で裂き、油で炒めてシマとともに食べる。エリンギのようなコリコリとした歯ごたえがあり、うま味がたっぷり詰まってジューシーで、とにかく美味しい。採れる時期が限られていることに加え、シロアリ塚

シロアリタケ

調理前の蓮の根

の上にも稀にしか出現しないため、私も一度しか見たことも食べたこともない。村の人たちは雨季になるとシロアリ塚を見て回り、かなり真剣にこのキノコを探す。雨季の楽しみの一つだ。

この美味しいキノコはシロアリ塚の中の菌園から生えてくる。キノコシロアリ亜科に属するシロアリたちが巣内で栽培しているキノコをオオシロアリタケ属菌（*Termitomyces*）という。雨季のはじめ、巣内の菌園から子実体が伸び、地上に〝キノコ〟が顔を出す。この地上に現れたキノコを村の人たちは利用している。このキノコからは大量の胞子が環境中にばら撒かれる。巣から飛び立ったキノコシロアリの羽アリたちがペアになって新たなコロニーを形成しはじめると、職アリたちが環境中にばら撒かれた胞子を巣に持ち込み、新たな菌園を育てるという[14]。キノコシロアリは、植物中のリグニンを自ら消化することができないため、植物体をそのまま食物として利用することができない。そこで、シロアリたちは、シロアリタケの菌糸を自らの糞に植え付けて菌園を作り、その菌園に枯死草本などを与えて栽培し、栽培された菌糸や菌園を食料として利用している。キノコシロアリたちはキノコの力を借りて植物を食べられる物質へと変換し、キノコはシロアリの世話の元、シロアリ塚の中でしか生きられない。約三〇〇〇万年続いてきたキノコシロアリとシロアリタケの共生の形だという。

おやつはシロアリ塚で調達

子どもたちのおやつもシロアリ塚が提供してくれる。ムヤコ村の家族の一員であるステング（当時九歳）は、廃材の針金で何でも作ってしまう遊びの天才であり、学校では落第を繰り返す問題児、一人でフラッと散歩に出掛けてはきれいな花を摘んできてくれる紳士と、とにかく目が離せない魅力的な人物だ。その日も、私のそばで一人、「あっ！ 痛っ！ はぁ〜」などと言いながら何か真剣に食べていた。何をしているのか尋ねると、「これを食べている」とサボテン（サボテン科 *Opuntia ficus-indica*）の実を見せてくれた。サボテンは幹と同様に実にも多くの棘がある。サボテンの実に興味を示した私を見て、ステングはすぐさま出掛けていき、新しいサボテンの実を採ってきてくれた。彼に熱心に進められて私も食べてみると、少し甘いアロエの果肉のようでなかなか美味しいものの、やはり棘が気になるし、取るのが非常に面倒である。「口が痛くなるし、食べにくいから」と子どもでも食べない子が多い中、ステングは口に棘が刺さって痛い痛いと言いながらも懲りずによく食べていた。

サボテンの実が子どもたちのおやつといえるかは怪しいが、このサボテンを含めて、シロアリ塚

にしか生育していない、またはシロアリ塚に強く依存している樹種の中には、美味しいおやつを提供してくれるものが多くある。例えば、オラクス科 *Ximenia americana*、サルバドラ科 *Salvadora persica*、パンヤ科バオバブ *Adansonia digitata*、オトギリソウ科 *Garcinia livingstonei* などだ。子どもたちは、おやつの成り時を実によく知っており、その時期になると暇を見つけてはシロアリ塚を訪れて果実を採集している。大人はほとんどの場合、わざわざ出掛けることはしないが、畑へ行く道すがら、牛を探しに行く道すがら、水汲みや洗濯に行く道すがら、シロアリ塚上の木に果実が実っていれば立ち寄り、少し口に、またはポケットに入れる、といった具合におやつを調達する。

シロアリ塚のおやつの成る木。

一方で、シロアリ塚に生育する植物の毒を利用する場合もある。ムヤコ村周辺でシロアリ塚に特徴的な植物の一つであるユーフォルビアは、その樹液に毒があり、狩猟や漁労の際に用いられる。私は調査中よくカソコニャに、「この木の水が目に入ったら目が見えなくなるから、気をつけろよ」と注意されていた。

3 〃場〃となるシロアリ塚

作物を育てる

土壌の特性に加えて、地形的にも特異なシロアリ塚は、村の人びとの暮らしを支えるさまざまな〃場〃にもなる。例えば、作物を育てる場。ムヤコ村では農地内に分布するシロアリ塚を作物栽培に利用する。村の人びとは、湖畔のモパネ林を農地として好み、そこに生育する小さな樹木を伐採して切り株を焼き、農地を拓く。農地内に直径の大きなシロアリ塚があれば、そこに特定の作物を植え付ける。聞き取りや観察から、カボチャやニンジン、トウモロコシなどがシロアリ塚に植え付けられることがわかっている。村の女性たちによれば、シロアリ塚に植えると、水分の多い美味しい作物になるという。シロアリ塚でできたカボチャを食べたことがあるが、黄色く甘いべちょべちょのカボチャだった。村の人たちは農地を拓く際、シロアリ塚がある場所を意図的に選択するわけではないが、農地内に大きなシロアリ塚があれば、質のよい収穫物を望める〃良い畑〃であるという。

このような農業における利用が、アフリカでは最もよく知られたシロアリ塚の利用の仕方といえる。地域や民族によって作物種は異なるものの、先のムヤコ村のように、特定の作物をシロアリ塚に植える事例は多い。マラウィではタバコやバナナ、ウガンダではカボチャやトマト、玉ねぎ、メ

シロアリ塚に植えられたトウモロコシ

美味しい作物ができるだけでなく、"洪水"による作物の水没も防げる。

イズ、ナイジェリアではソルガムがシロアリ塚の上またはその周辺に植えられる。[15] ジンバブウェでは、オクラやカボチャ、ソルガム(イネ科の穀物)、遅い時期のトウモロコシなど、より水分と栄養を必要とする作物をシロアリ塚の周辺で栽培する。南アフリカでは、シロアリ塚にサトウキビが植えられ、周辺の五倍の収穫量が得られることが報告されている。また、シロアリ塚に直接作物を植え付けるだけでなく、シロアリ塚の土を畑に撒く方法もある。ザンビア南部がその一例で、雨季前、農民はシロアリ塚の一部を壊し、破片を肥料として畑に撒く。その際、シロアリのコロニーを死滅させないよう塚の基部を無傷で残し、長期間にわたって良質な土を利用できるようにしているという。このようなシロアリ塚の利用は、土が肥沃であることや少し高まった微地形を利用したものといえる。

狩りをする

前章で述べた〝シロアリ塚での狩り〟は、シロアリ塚を狩猟の場として利用している例といえ、ナミビアだけでなくアフリカのほかの地域でも見られる。チャドやザンビアでは、シロアリ塚には小動物が多く生息するため、ハンターが猟場として好んで利用することが報告されている。[1] また、コンゴ民主共和国では、かつて、シロアリ塚を壊して出てきたシロアリを〝えさ〟に鳥をおびき寄せ、罠で捕まえる猟法があったようだ。ウガンダではシロアリ塚の新しい修復痕から、まだ柔らかい土を採取し、その土を丸めたボールをパチンコに備え、鳥を狙うという。さらに、しばしば野生動物たちもそうするように、シロアリ塚は人びとが野生動物や家畜、人を探す際の〝見張り台〟としても利用される。

シロアリ塚の上で眠る

ムヤコ村の中を歩いていると、柵で周りを囲われたシロアリ塚をしばしば目にする。柵の中には、寝そべったり木陰に入って休んだりしている牛やヤギたちがいる。これは、シロアリ塚が家畜囲いの場になる例である。ムヤコ村では、農耕の他に小規模な家畜飼養を行っている世帯がある。村のお父さんとカソコニャも、数十頭の牛と数頭のヤギを飼養している。ここでは、牛もヤギも自由行動のスタイルで放牧される。家畜たちは早朝、家畜囲いから出され、日中は周辺の森や草地で過ごす。夕方になると、大抵はそれほど遠くまで行っていない家畜たちを男性や子どもが探し出し、家畜囲いまで連れ戻す。

ムヤコ村の人びとは、住居の近くにあるシロアリ塚を柵で囲い、家畜囲いとして利用する。この際、中心に「土の塔」があり、周囲に適度な〝すそ野〟があり、かつ、木が生えているシロアリ塚が選ばれる。3章で述べたように、シロアリ塚には周辺に比べて常緑樹が多く、シロアリ塚に最初に乗る木の代表であるサルバドラも常緑樹である。一年を通じて葉を茂らせる常緑樹は、日陰をつくり家畜を強烈な日差しから守る。また、雨季にしばしば水浸しになるこの地域では、家畜の足が水に浸かって病気になるのを防ぐためにも、少し高まったシロアリ塚に家畜囲いを造ることが有効

家畜囲いの中心には木が生えた“すそ野”付きのシロアリ塚。中心に生育する常緑のサルバドラが木陰を提供する。

家畜囲いの外でも家畜たちはシロアリ塚で休憩する。

だという。このようにシロアリ塚を家畜囲いの設置場にする、という例はこれまでほとんど知られていない。「土の塔」から丘までいろいろな形態のシロアリ塚があること、頻繁ではないが辺り一面が水浸しになること、家畜飼養が行われていることなど、いくつかの条件が合わさって生まれた、この地域特有のシロアリ塚の使い道なのかもしれない。

また、家畜囲いが作られていない場所でも、家畜がシロアリ塚に座って休憩している様子がしばしば見られる。なぜ、シロアリ塚の上で休憩するのか、理由はよくわからないが、シロアリ塚はくつろげる場のひとつのようだ。

村での休日

村に滞在中、誰に管理されているわけでも、何か決まりがあるわけでもないので、調査のスケジュールは完全に自分の裁量に任されている。村の人たちの生活リズムに、曜日はあまり関係ない。家畜の世話に曜日は関係ないし、畑作業は忙しい時期には毎日行い、農閑期には何もすることがない。曜日で異なることといえば、子どもたちの学校が土日は休みであること、日曜日には（行く人は）教会に行く、というくらいだ。私の調査スケジュールだって、週休ゼロ日だって週休三日だって週休五日だってやろうと思えばやれるのだが、何となくこれまでの習慣に従い、特に計画に遅れなどなければ、月曜から土曜日は調査、日曜日は休日と決めている。大抵の休日、一週間で溜まった洗濯物を片付けること、未同定の植物があれば終わらせてしまうこと、フィールドノートをまとめること以外には、これといってすることはない。やることをやってしまった後は、ちびっこたちと遊んだり、子どもたちの散歩に付いて行ったり、お母さんが魚を買いに行くのに付いて行ったり、特に予定は決めずに気ままに過ごしている。

ただ、大抵の休日の中で一つだけ心掛けていることがある。それは、誰かがどこかに出掛けるときには、なるべく付いて行く、ということだ。正直疲れていて出掛けたくないと思うこともあるが、この〝休日のお出掛け〟は、思いがけないいろいろな発見があってとてもおもしろい。日々の調査では、自分の立てた計画に沿い、目的とするデータを取るために行動しているため、もちろん日々驚くような発見はあるものの、全く別の角度からの情報は入ってきづらい。その点、子どもたちや(いつもとは異なるメンバーの)大人たちに付いてあちこちに行く休日は、行ったことのない地域に行き、違った視点でものを見るため、いつもとは違う情報を得られることがある。例えば、先述の子どもたちがシロアリ塚でおやつを調達する話や、シロアリ塚で採れるキノコの話は、こうした〝休日〟の散歩で出会った出来事だ。気ままに過ごす休日の発見が新しい調査につながることも多い。さらに、どこにきれいな花が咲くか、どこに大きなカメが住んでいるか、どのバオバブの木の実が食べ頃かなど、子どもたちが逐一私にもたらす情報と、子どもたちと連れ立って出掛ける時間は、直接調査につながることはなくとも、この地域の自然のこと、人びとの暮らしのことをよりよく知る機会になり、私の村での生活をより豊かなものにしてくれている。

この大抵の休日のほかに、私は〝完全休日〟と名付ける日を(滞在期間に応じて)数日決めている。

その日はもう本当に何もせずに、一日中ゴロゴロしてひたすら本を読む。村に持っていく大荷物の中に、調査には不要な本を潜り込ませるのは難しい。必要なものをすべて揃え、最後の最後に荷物の隙間と重さと相談しながら詰めるので、厳選した数冊が限界だ。最近は電子書籍という手段もあるが、やはり本は紙のページをぺらぺらとめくりながら読むのが好きだし、そもそも電気がないのでタブレットなどがあっても充電ができない。Ａ４サイズのソーラーパネルを持参するものの、このサイズでは携帯電話とパソコン、iPodの充電で精いっぱいだ（iPodは夜寝る前や、いろいろとうまくいかず疲れてしまった時に、テントの中でこっそり音楽を聞くために私にとっては必需品）。そのため、渡航前の準備の段階で、数冊の本を選ぶ作業は楽しいだけでなく、私にとっては村での生活の質を決める重要な作業の一つでもある。調査に必要な図鑑や、読んでおくべき論文や専門書などは別に用意しているので、ここで選ぶ本は完全に趣味の本だ。どんな本でもいいのだが、私は小説を持っていくことが多い。本の世界に入り込むことで、あまりにも強烈なアフリカの日々からひとときだけ抜け出すことができる。

　完全休日と決めた日は、朝からとにかく一日中、本を読む。子どもたちが「何してるの？　遊ぼう！」と何度呼びに来ても、お母さんが「病気か？」と何度心配して見に来ても、「今日は本読むから！」と頑なに言い続ける。どうやら、ここでは本を読む＝勉強している、と見なされるようで、寝ていても何か作業をしていてもほとんどお構いなしに干渉されるのに対して、本を読んでいるときには比較的放っておいてくれる。それでも、家族みんなが周りにいる中で本を読み続けるには、かなりの強い意志が必要だ。自分の小屋（テント）に閉じこもったり、木陰に椅子を出したり、お母さんのゴザにお邪魔したり、場所は気分や時間帯によって変えながらも、本は片時も手離さず、読み続ける。多少の雑音はひたすら無視する。そうやって本に集中することができると、本は私を今いるアフリカの空気の中から連れ出し、別の世界に入り込ませてくれる。読み終わり、「あれ？　今どこにいたっけ?」と思えるくらい本の世界に没入できると、ものすごく爽快な気分になり、一気にリフレッシュできる。私にとって、この時間が村での一番の贅沢な時間だ。

シロアリという虫

シロアリは貴重な食料

ちなみに、本書の主人公であるシロアリは、食べると結構美味しい。私は、二〇一六年に新たな調査地とテーマを求めてマラウィで調査を行った際、初めて〝シロアリ丼〟を食べた。丼といっても、ご飯ではなくいつも通りのシマに、おかずとして炒めたシロアリが添えられる。あいにく、村の人たちがシロアリを採集している様子は見られなかったが、その仕掛けは見ることができた。

炒めたシロアリ(左)とシマ(右)。(2016年3月にマラウィ北部で撮影)

雨季のはじめ、次の女王・王となるシロアリたちが羽をつけ、巣から一斉に飛び立つ。数日から数週間の間に、至るところの巣穴から羽アリたちが這い出して飛び立ち、空を埋め尽くす。アフリカの多くの地域で、この大群の羽アリたちは人びとの雨季の貴重なタンパク源になっている。だが、私は二〇〇六年からほぼ毎年アフリカに通い、日々シロアリと対面してきたにもかかわらず、先述の二〇一六年までシロアリの採集を見たことも、食べたこともなかった。なぜなら、オンバズ村やムヤコ村で私がお世話になってきた家族たちは、シロアリを食べないからだ。ナミビアでも雨季のはじめには羽アリたちが空いっぱいに飛び回り、やがて落ちて地面を埋め尽くす。ブッシュマンやオバンボなど、ナミビアでもシロアリを食べる人たちはいるが[16][17]、私の調査地の少なくとも私の周りにいた人たちには、シロアリは食べ物として認められていない。地面に落ちた無数のシロアリたちは、箒で掃いて片づけられる存在だ。そんな中、マラウィで食べた念願のシロアリは少し脂っこいが煮干し

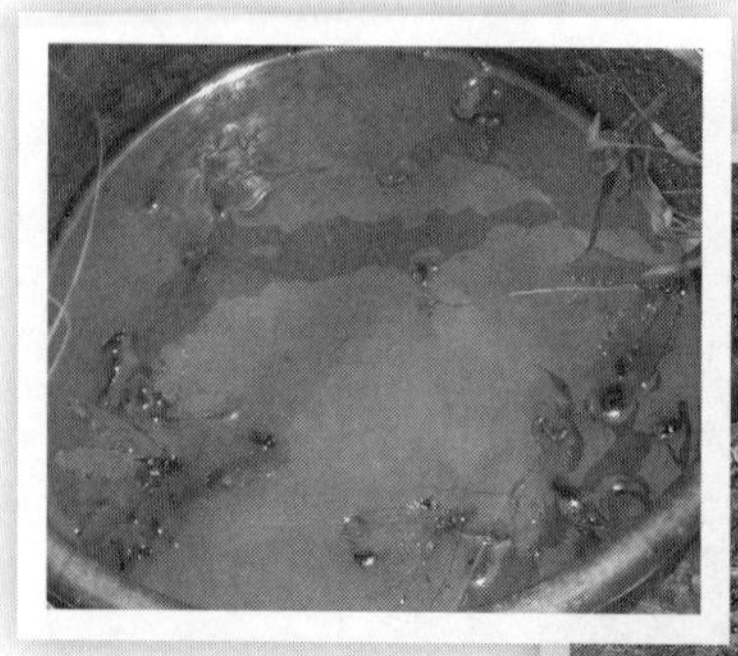

シロアリ採集の仕掛け

シロアリ塚に溝を掘り、木の枝や葉で覆う。塚から這い出した羽アリは、その"通路"を通って下方に置かれたバケツで捕えられる。（2016年3月にマラウィ北部で撮影）

のように味があり美味しかった。

アフリカの熱帯におけるシロアリのバイオマス（生物体量：ある時点での任意の空間に存在する生物体の量を表す）は膨大だ。例えば、カメルーンでは一平方メートルあたり一〇〇グラム以上、個体数にして一万匹という報告があるし、[18]サバンナではシロアリのバイオマスは草食動物のバイオマスに匹敵するといわれる。[19]シロアリはタンパク質や脂質に加えて、鉄や亜鉛、カルシウム、ビタミンなどの栄養素を多く含む。高い栄養価をもち存在量も多いシロアリは、アフリカのほぼ全土で人びとにとって重要な食材のひとつになっている。

最も頻繁に利用されるのは、短期間に大量に発生する羽アリだが、兵アリや女王アリを食べる地域もある。兵アリを採集する場合には、次に記すチンパンジーと同様に、〝シロアリ釣り〟をして集める方法が一般的だという。巣の内部にいる女王アリは捕まえるのが難しいため、一般的にあまり利用されないが、食べるとすれば、特別な理由がある時だという。[1] 例えば、子どもが栄養失調や病気の時、〝力〟を得たい時に女王アリを食すことが記されている。西アフリカや東アフリカでは、王族や首長だけが女王アリを食べることができ、それによって人びとにより尊敬されること、さらに、女王アリは身分の高い人への貢ぎ物にもなることが知られている。また、妊娠しやすくするためや双子を生むために、女性が女王アリを食べることや、肌を綺麗に見せたり、狩りの際に野生動物を惹きつけたりするために、女王アリの〝中身〟を肌に塗ることもあるという。

アフリカにおけるシロアリの食用利用は、かなり古くから行われていたことがわかっている。南アフリカで見つかった約二〇〇万年前の初期人類の道具や骨の分析から、彼らも骨で作った道具でシロアリ塚（オオキノコシロアリ属）を掘り、兵アリや羽アリを食べていたことが示されている。[20][21]

こんな膨大な量の貴重な栄養源を動物たちが見逃すはずがない。シロアリを主な餌とするシロアリ食者のツチブタはその代表例の一つといえる。[22][23] また、アフリカの熱帯林に暮らすチンパンジーは、草本の茎や木の枝、樹皮などを適当な長さや形に加工し、その道具をシロアリ塚に差し込んで〝シロアリ釣り〟をすることが知られている。シロアリ塚に突っ込まれる不審な枝に噛みついた兵アリたちが釣られ、チンパンジーに食べられる。ゴリラやボノボはハエやバッタ、チョウ、ガ、甲虫などさまざまな昆虫を食べるが、その中にはシロアリも含まれる。[24] また、ニワトリやホロホロチョウなどの家禽も、シロアリを餌として利用する。シロアリ塚は非常に硬く、これらの家禽は塚内部のシロアリに自力ではアクセスできないため、人がシロアリ塚を壊して内部のシロアリを家禽に与えるという。

食べ物としての虫

日本でも近年、昆虫は徐々に〝食べ物〟として注目されてきたが、先述のようにアフリカではすでにメジャーな食材の一つとしてさまざまな種類が食べられている。昆虫の多くは栄養価が高いとも示されているが、何より美味しいというのが昆虫を食べる大きな理由として挙げられている。[25] ナミビアでも狩猟採集民のブッシュマンや農牧民のオバンボの人びとは、タマムシやカブトムシの仲間、カメムシ、シロアリ、チョウやガ（の幼虫）など、さまざまな昆虫を食べている。[16][26]

一方で、日本にも多くの昆虫がいるものの、食べる昆虫の種類や人、地域が（今のところ）限られていることからもよくわかるように、昆虫を食べるか食べないか、また、どの昆虫を食べるかについては、地域や民族、個人差が大きく、他文化や飢饉などの影響も受けるとされる。[27] 私はアフリカの村で迎えた初めての夜、〝虫を食べる〟ことにもある程度覚悟を決めたが、実際に暮らし始めてみると、私が一緒に暮らしていたゼンバやスビヤの人びとは、昆虫食に消極的であることがわかった。したがって、幸か不幸か、私がナミビアで食べる虫は、オンバズ村の〝イモムシ〟だけである。

このイモムシはモパネワームと呼ばれるヤママユガの幼虫で、モパネを主な食樹としている。モパネを主な食樹とするヤママユガ科のガは複数種おり、それらを総称してモパネワームと呼ぶ。私がオンバズ村で食べていたのは、*Imbrasia belina*という七〜八センチの黒っぽいモパネワームで体表にトゲトゲがある。モパネワームは、南部アフリカで広く食用とされ、市場でも販売されている。ナミビアの市場では、内臓を取り出し、カラカラに乾燥させた状態のモパネワームが売られている。村では、その乾燥したモパネワームを水で戻し、煮て食べる。首都の小綺麗なレストランでは、「モパネワームのトマト煮」などというおしゃれなメニューがあるようだが、私が村で食べるのは「モパネワームの塩ゆで」。要するに、ただ塩で茹でただけのイモムシだ。塩もタンパク質も貴重な村での食事の中では、比較的うれしいメニューではある。ただ、水が貴重なせいか、もしくは家族の好みなのかわからないが、いつもイモムシの戻し方が足りない。戻し足りないモパネワームは口に入れると、体表のトゲトゲがゴツゴツ、チクチクして食べにくい。私がいつも食べにくそうにしているため、（酸乳があるときには）「チサトは酸乳にしなさい」とイモムシは取り上げられてしまう。

「できれば、両方食べたいんだけど……」

おこぼれにあずかろうと、私のそばに引っ付いている子どもたちの真っすぐな目に見つめられると、その言葉もぐっと飲み込むしかない。大人しくモパネワームは子どもたちに渡し、差し出された酸乳で食事をすることが多い。

害虫

こんな風に、シロアリは人や家畜、野生動物の貴重な食材になり、シロアリの造る塚は、道具や住居の材、さらには人や家畜の〝ビタミン剤〟にもなり、畑では美味しい作物を生み、豊かな植物や動物までももたらす。だが、いいこと尽くしのシロアリ……ではない。シロアリは日本と同様にアフリカでも、家や畑の作物を食い荒らす害虫としても認識されている。

先述のように、オンバズ村やムヤコ村では、建材としてモパネが好んで利用される。ナミビアを含め、モパネの分布する地域では共通して、小屋の骨組み、住居や畑の柵、家畜囲い、薪、道具の材などあらゆる場面でモパネが重宝される。モパネ植生帯は、基本的にモパネばかりなので、もちろん入手しやすいということはあるが、それだけではない。モパネは木質部の細胞にシュウ酸カルシウム（CaC_2O_4）の結晶を多く含んでいる。[28] そのため、モパネの材は非常に密で硬く、木材を食用とするシロアリもモパネの材は利用しづらいという。このことがシロアリ耐性となり、モパネは建材として好んで利用されるようだ。この性質はモパネが薪として重宝されることや耐火性に優れていることにもつながっている。シュウ酸カルシウムは加熱されると二酸化炭素を発生させるため、火の強度が下がる。このことによって、薪としては大きな炎が上がらず、長時間燃える優秀な材となり、野火の発生時には火の強度や燃え広がりを抑える。

モパネ植生帯以外でも、例えばセネガルでは、シロアリが好まないマングローブや貝殻が建材として利用され、ザンビアではシロアリ耐性があるとされるマメ科の *Pterocarpus angolensis* が使われるなど、地域に応じて異なる形の〝シロアリ対策〟が見られる。このようにアフリカ各地で建材への害虫とみなされているシロアリだが、被害をもたらす〝木材を食べるシロアリ〟は全体から見るとそれほど多くはない。2章で述べたように、シロアリの食物は木材や落葉・落枝、草本、地衣類、腐葉土、土の中の有機物など、種によって異なる。主に材を食物とする下等シロアリ（六科を含む）の中でも木材害虫とされているのは、せいぜい一〇〇種ほどといわれている。これは、現在確認されている約三〇〇〇種のシロアリの約四％に過ぎない。

一方、落葉、草本、腐葉土などを餌とする高等シロアリ（一科を含む）は、畑の作物を食い荒らす作物害虫になる場合がある。例えば、ザンビア、マラウィ、ウガンダ、ケニアの一〇以上の地域で、農家の人びとに対して行ったインタビューからは、一〇以上の属に属する三八のシロアリが作物害虫として挙げられ、そのすべてが現地名で種まで区別されていることがわかった[29]。合わせてトウモロコシ、落花生、ヒマワリといった順に害を受けやすい作物も挙げられたことから、作物へのシロアリの害が深刻であることがわかる。ここで作物害虫として名前が挙げられたもののうち七割がキノコシロアリ亜科に属するシロアリであった。このシロアリたちは、基本的には枯死植物体を餌として利用するが、サバンナでは食物が不足した際に生きた植物体を利用することがあり[30]、畑の作物がシロアリにとって便利な餌資源であることがうかがえる。

さらに、キノコシロアリ亜科の中でも、作物害虫として名前が挙げられるのは、オオキノコシロアリ属のシロアリが最も多い。シロアリの巣の形態や場所は、種によって大きく異なり、下等シロアリの多くは材の中に巣を造るのに対して、高等シロアリは地中、樹上、寄生、地上とさまざまな場所に巣を造る。例えば、高等シロアリであるキノコシロアリの中でも、オオキノコシロアリの多くが地上に大きな塚を造るのに対して、ヒメキノコシロアリ（*Microtermes*）は塚を造らず地中巣を造る。昆虫学の研究によると、アフリカにおいて最も深刻な作物被害をもたらすのは、ヒメキノコシロアリであり、[31]農家の人びとの認識とは一致しない。オオキノコシロアリが悪者として認識されやすいのは、〝塚〟という目につきやすい構造物を造ることがその一因になっているようだ。

もちろん、人びともやられっぱなしではなく、シロアリによる作物への害を減らすため、さまざまな工夫をしている。シロアリの巣を掘り起こす、女王アリを取り除く、シロアリ塚の近くで火を起こす、巣穴に熱いお湯を注ぐ、巣を水没させるなどのシロアリのコロニーを死滅させる対策が知られている。

5　世界観の中のシロアリ

アフリカでは目に見えない世界が現実の生活と強く結びつき、特定の生きものや自然物をその象徴と捉らえていることがある。シロアリもその一つである。幸いなことに私が調査をしてきた地域では、シロアリと目に見えない世界との結びつきが語られることはほとんどなく、その点では比較的自由に調査ができた（私がやたらと〝シロアリ〟に執着しているので、言わないだけかもしれないが）。幸いといったのは、次に示すように、仮にシロアリ塚がお墓や祖先につながるものであると認識されていれば、ずかずか入っていって調査することはできないし、悪霊の住処とされていれば、村の人に近づかないよう注意されるだろうから、私がやってきたような調査はできなかったかもしれないからだ。だが、アフリカのほかの地域では、シロアリやシロアリ塚が人びとの世界観と結びついている例が見られ、これらもまた非常に興味深い。以下では、アフリカの人びとの世界観に登場するシロアリやシロアリ塚について紹介する（以下、特に記載がない場合は、ファン・ハウスに基づく[1]）。

神であるシロアリ

白蟻という神が世界の始まりに河川を創造したのであったし、土地の住民のために水を保管していたのはその神であった

アフリカの人（ル・クレジオ）

これは西アフリカのナイジェリアで幼少期を過ごしたフランス出身の小説家ル・クレジオの回顧録の中の一節である。ここに記されている〝土地の住民〟が誰なのか、はっきりとはわからないが（イボ族が多く暮らす地域という記述はある）、マリのドゴンにも似たような神話がある。ドゴンの人びとに伝わる起源神話には、世界の創造に関わるものとしてシロアリが登場し[32]、「神の二人の妻のうち、一人はシロアリであり、そのシロアリが世界の始まりに水の流れを管理し、〝神の水引人〟と呼ばれ

た」ことが記されている。[33]

南部アフリカのブッシュマン（サン）の物語では、ほかの動物が造られる前、最初に神から人に与えられた肉がシロアリであった。シロアリの羽アリは超自然的な創造の力と結びつけられ、ブッシュマンの創造神話において、最初の人間は神の家であるシロアリの巣からきたとされる。さらに、ブッシュマンの精神世界では、シロアリは比類のない変革と創造の力の象徴とされ、壁画にも多く描かれている。[34]

埋葬する

アフリカのいくつかの地域では、シロアリ塚がお墓になることもある。ザンビアやジンバブウェ、コンゴでは、洪水による水没を避けるため、丘やシロアリ塚のような高い場所に亡くなった人を埋葬する地域がある。また、コートジボワールやベナンの一部の地域では、特定の病気で亡くなった人をシロアリ塚に埋めることで（より近づきにくくし）、感染症が拡大するのを防いでいるという。

南部アフリカに暮らすコイコイ（コイサン系の言語を話す狩猟採集民の人びと。ブッシュマン（サン）とコイコイに代表される）[35]の人たちは、シロアリ塚に開けた穴や、地面に掘った穴に生きたシロアリとともに亡くなった人を埋葬するという。[36] この論文には、このような埋葬方法をとる理由として、亡骸が早く分解され衛生的であることが記述されていた。シロアリが人の亡骸を分解するのかは大いに疑問が残るところだが、先述のように、彼らと同じ祖先をもつブッシュマンは、シロアリ塚を神の家とする創世神話をもつため、このような世界観も関係あるかもしれない。ケニアのルオの人びとは、シロアリ塚とお墓を同じ名で呼ぶ。ルオの人びとは、「(シロアリが埋められた棺を食べるため)埋葬場所にシロアリ塚がお墓のように立ち上がってくる」といい、「シロアリ塚は祖先のお墓でもある」としている[9]。

祖先、家族とのつながり

直接お墓として利用しなくとも、祖先ひいては家族とつながりのあるものとみなす地域はほかにもある。中央アフリカ共和国に暮らすバヤの人びとは、シロアリ塚には祖先の魂が住み着いているため、破壊してはならないとする。セネガルのセレレ、ナイジェリアのジェルマ、ヲロフの人びとは、シロアリ塚を尊敬すべきものと見なし、むやみに近づくことはしない。スーダンでは、アザンテの人びとが、祖先の霊を入れた壺をシロアリ塚に置き、祭壇として利用する。この祭壇では、木の枝を使って問いかけが行われる。夕方、問いに応じて、何種類かの木の枝をシロアリ塚に刺す。翌日、どの枝がシロアリにより多く食べられているかから、その答えを得る。ここでは、各家族がシロアリ塚に所有権を持ち、一家が引っ越してもその権利は譲られないという。ベナンのフォン、ポポの人びとはシロアリ塚を〝神聖な森〟とみなし、その森に触れることは許されない。

ベナンのバリタの人びとは双子が生まれたお祝いに、ヤムやヤシ油、ホロホロチョウの卵をシロアリ塚に供える。ウガンダのランギ、ルオの人びとは、シロアリ塚に特有な木の枝と葉からシェルターを作り、双子のへその緒を入れた壷をそこに置き、踊る。赤ちゃんの生まれる時にも同様のことが行われ、小さなシロアリ塚には魂が宿っていると考えられている。ウガンダのガンダの人びとは、シロアリを複数の妻たちの不理解や不調和を避けるのに使う。二人の妻を持つ場合、二匹のシロアリを磨り潰して粉にし、放棄されたシロアリ塚の土と混ぜる。それを再度水に溶かして、壊れた粘土の壷のかけらに乗せ、「二匹のシロアリのように二人が理解しあえるように」と言いながら、二人の妻に与えるのだという。

悪霊や病気の棲み家

一方で、シロアリ塚は特定の病気や悪霊とつながりがあり、邪悪なものとして恐れる地域もある。[37] チャドでは、特に子どもはシロアリ塚の近くで遊んではいけないとする地域もあるという。ギニアビサウのバランタの人びとは、家の中にシロアリ塚ができた場合、ウィッチドクター（医療専従者のうち医療効果の根拠を超自然的なものに求める者、もしくは周囲の人間によって超自然的な根拠によって治療する能力があるとされる者のことを指す。呪術医とも呼ばれる）に相談する。ケニアのテソの人びとは、シロアリ塚は〝イパラ〟と呼ばれる死霊の住処であり、死霊が活動を始める夕方以降、シロアリ塚には近づいてはいけないとする。マリに暮らすソンガイの人びとは、子どもがシロアリ塚を通り過ぎるときには、彼らの祖父母に挨拶をするよう言いつけられている。

シロアリ塚を病気を引き起こすものとみなす例もある。ニジェールのハウサの人びとは、病気を避けるため、シロアリ塚の上を歩くことを避ける。セネガルのバイヌクの人びとは、シロアリ塚の通気口を覗き込むと、てんかんになる危険があるとする。耳の病気とシロアリ塚を結び付ける地域は複数ある。ケニアやウガンダに暮らすルオ、ザンビアのトンガ、ジンバブウェのショナやンデベレの人びとは、ある種の小さなシロアリを食べると耳が聞こえなくなるとする。ザンビアのルチャジ、ルバレ、チョークウェの人びとも、シロアリ亜科（Termitinae）とテングシロアリ亜科（Nasutiterminae）に属するシロアリを〝耳を邪魔するもの〟と呼ぶ。中央アフリカ共和国のバヤの人びとは、同様の理由からシロアリの小さな種を食べることを忌避し、それらはニワトリに与えられる。マダガスカルでは、シロアリ塚におしっこをしてはならず、すると陰部が病気になるという。カメルーンのバミレケの人びとは動物に化身した人はシロアリ塚に隠れていると考える。

このような悪霊や病気を追い出すため、シロアリ塚で行われる儀式も多く報告されている。地域や民族によって、米やミレット（キビ、アワ、ヒエなどの雑穀類の総称）、チーズ、ヤシ油、アルコール、コーラナッツ（コーラの種子。コーラはアフリカの熱帯林に生育するアオイ科コラノキ属の植物の総称）などさまざまなお供えがされる。マリのソンガイの人びとは、誰かが悪魔に憑りつかれた際、シロアリ塚の近くで伝統的な弦楽器を演奏し、お供えをする。中央アフリカ共和国のデンブの人びとは、狂気は祖先の苦悩であり、シロアリ塚で治療する必要があると考える。ウガンダのランギの人びとは、憑りつかれた人から悪霊を追い出すため、その悪霊がいる（とされる）小さなシロアリ塚を特定の場所に移す。マリのマリンケの人びとは、治療者が病人を洗う水をシロアリ塚で注ぐ。同じマリの一部の地域では、男の子たちは、割礼後、シロアリ塚の上で自ら体を洗う必要があるという。

民話、諺の中のシロアリ塚

アフリカの各地には、シロアリやシロアリ塚が登場する物語や諺も多くある。中でも、シロアリ塚と虹と蛇に関する物語が多くの地域で共通している点はおもしろい。西アフリカと東アフリカのいくつもの地域で、虹はシロアリ塚から出てきて、雨を止めると考えられている。西アフリカのエウエの人びとは、虹は触れるすべての人を貪り食べてしまう大きな蛇で、その蛇はシロアリ塚内部の嵐の中に住んでいると信じている。ザンビアのコヤの人びとは、虹を蛇とみなし、シロアリ塚からシロアリ塚へ移動しているとする。

セネガルには、シロアリとハイエナとウサギの物語がある。ある日、罠にかかったハイエナをシロアリがロープを噛み切って助けた。それを見ていたウサギは、泥をかぶってシロアリのふりをし、ハイエナから施しを受ける。だが、雨が降って泥が流れ落ちてしまったため、ハイエナにウサギの正体がばれてしまい、ハイエナの目の敵にされる、というものだ。

ケニアのルオには〝凶暴なシロアリは、有益で害のないアリを死滅させる〟という諺がある。しばしばシロアリ塚に寄生する〝泥棒アリ〟(カレバラ属 *Carebara vidua*)の羽アリは、シロアリの羽アリと同様に、人びとにとって重要な食料源になる。そのことから、〝シロアリ塚を破壊することは、蟻とともに貴重な食料までも破壊することと同じである〟という意味だという。ナイジェリアのヨルバには、〝シロアリは石は食べられない〟という諺があり、対処しきれないことをしないように、という教えとして用いられる。

術”はおもしろい話題ではあったが、非現実的な遠くの世界の事柄だった。アフリカに行って初めて目の当たりにしたこの出来事も、その裏にはさまざまなことがあり、私はそれらの大部分を見逃しただけでなく、目の前にあっても見えていなかったのだろう。そんなことはわかっている。だが、本当にそれだけだろうか？少なくともその出来事を目の当たりにしたその時の私には、“呪い”によって実際に子どもの具合が悪くなり、ウィッチドクターが見事にそれを解決したように見えた。そして、周りの人びとにとっては当たり前の現実であり日常である事柄を、非現実的と感じる私の方がおかしいのではないかと思えてくる。

「あの子は本当に呪われたんじゃないのか？　私も呪いをかけられたらどうしよう……」

こんな出来事に何度も出会ううちに、呪いなんて非現実的なんて思っていた私はどこへやら。心底怖く、心配になってくる。だって、私は村の中ではどうしたって目立つ存在だし、私の存在が目障りな人、邪魔な人だっているだろう。だが、そんな私の心配を村の家族は高らかに笑い飛ばす。「チサトは白人だから大丈夫！　呪いはかけられない（かけても効かない）」のだそうだ。そう言われても、何だかすっきり安心はできないのだが。

Column 4

呪いなんてありえない!?

シロアリとのつながりはなくとも、アフリカにおいて“見えない世界”はとても身近だ。私もナミビアで何度も、その“見えない世界”を強烈に感じてきた。

オンバズ村に滞在中、家の子どもたちの一人、十代の女の子の具合が突然悪くなったことがあった。いつからその行動が始まったのかは定かでないが、毎晩、真夜中に家を抜け出し、“山”の中をフラフラと彷徨う。家族が探し出して連れ戻すこともあれば、自分で帰ってくることもあったが、なぜそういう行動をするのか、本人にも説明ができない。昼間は普段と変わらず、家族たちと笑い合って過ごしているものの、夜になると様子がおかしくなる。心ここにあらずで会話も成り立たたず、目も焦点が合わない。こんな状態が続き、家族は心配して知り合い(親族の一人)のウィッチドクターに相談した。すぐには理由がわからなかったが、何度目かの“診断”の後、原因が突き止められた。遠い親戚が(相談した人とは別の)ウィッチドクターに依頼して、その子に呪いをかけた、というのだ。原因が突き止められた後、双方のウィッチドクターがやり取りをし、その呪いを解く“何か”をしたという。するとたちまち、その子は元通り元気になり、夜の徘徊もピタッと止まった。

日本で生まれ育った私にとって、書物で読む“アフリカの呪

5章

自然保護区に生きる人びと

1 生きものの宝庫、ナミビア

ナミビアは、海抜ゼロメートルの海岸部から内陸に進むと、標高一〇〇〇メートルを超える丘陵地（ナミビア最高地点ブランベルグの標高は約二六〇〇メートル）、さらに内陸に行くと、平坦なカラハリ砂漠が広がる。降水量は年間五〇ミリメートルほどのナミブ砂漠から内陸に向けて増加し、ムヤコ村の位置する北東部では年間七〇〇ミリメートルに達する。ナミビアの自然環境は、このような変化に富んだ地形や降水量に対応して、地域ごとにがらりと変わる。海岸部のナミブ砂漠では、真っ赤な砂丘の上に、乾燥した環境に適応した一風変わった形や生態の植物や昆虫、爬虫類たちが暮らす。中央部のカラハリ砂漠では、点在するアカシアの間をゾウやキリン、ライオン、シマウマなどが闊歩する絵に描いたようなサバンナの光景が広がる。さらに内陸に進むと、見上げるほどの大きな樹木が濃い緑を茂らせ、大きな河川や湖にはカバやワニなどの水辺の生き物たちも見られる。生物多様性は水の豊富さに対応して、大まかには西から東に向けて高くなる。対して、固有種はナミブ砂漠や孤立峰など特殊な環境で多い傾向が見られる（図9）。アフリカといえば豊かな野生動物というのが代表的なイメージの一つだと思うが、その中でも、ナミビアのようにたくさんの野生生物を比較的簡単に見られる国は多くはない。

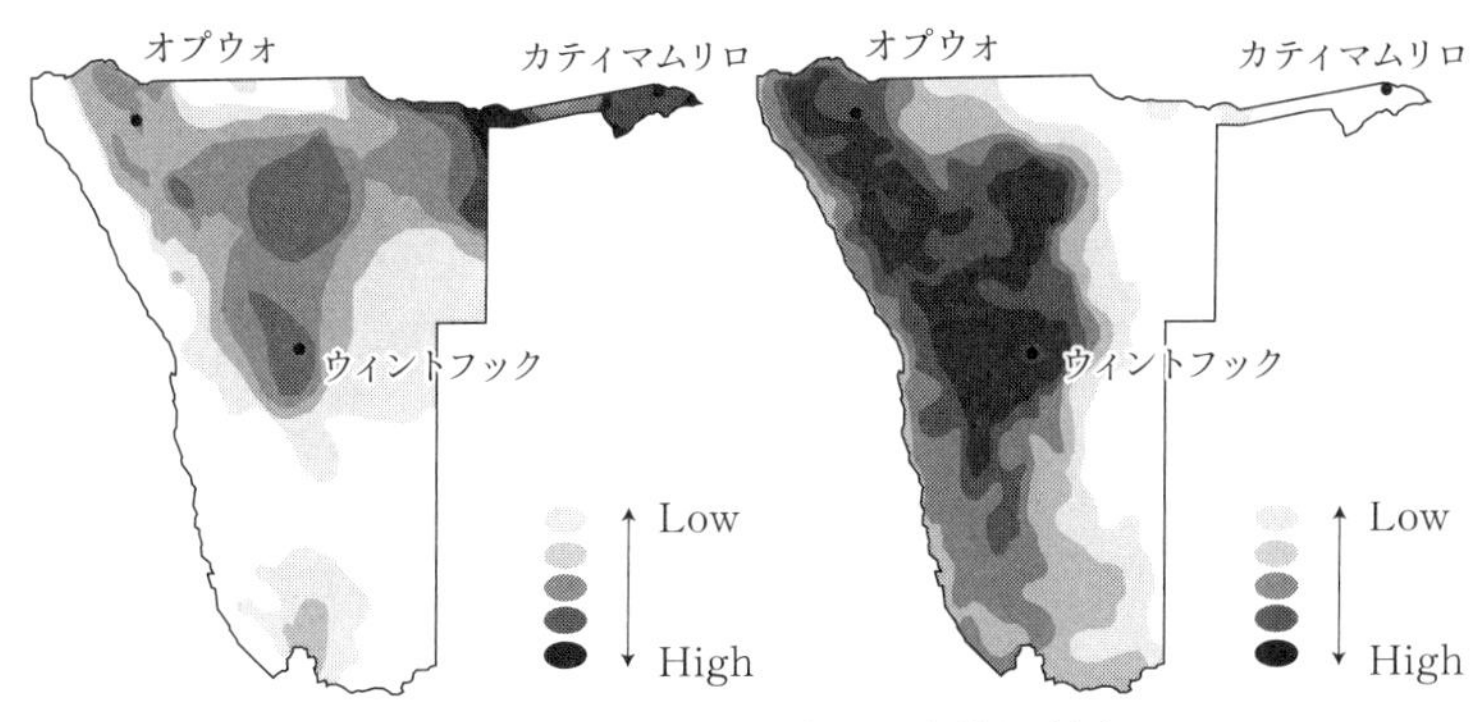

図9　ナミビアにおける生物多様性（左）と固有種の多様性（右）

乾季、ナミビアの国立公園の水場はさながら動物園のサバンナコーナーだ。国立公園のロッジやテント場の近くには動物用の水場が作られていることが多く、そこに半日、本でも読みながら座っているだけで、実にさまざまな野生動物に出会うことができる。灼熱の太陽が照りつける昼下がりには、目の前でアフリカゾウが巨体を揺らして水浴びをする。グレーと黒の縞々模様のバーチェルサバンナシマウマ（サバンナシマウマ *Equus quagga* の亜種の一つ）は、水を飲みに次から次へとやってくる。ひときわ背の高いキリンは、前脚を大きく広げ、首をぐっと下げて水を飲んでいる。真っすぐの長い角に白、黒、灰色の配色が何とも美しいエランド、スマートで美人なスプリングボック、いつもつがいで現れるダチョウは、入れ替わり立ち代わり現れる常連で、いちいちカメラを構えることもしなくなる。夕暮れ時には、捻じれた立派な角をもつクドゥや、単独のヌーが夕日を背にひっそりと水を飲みにやってくる。

国立公園まで行かずとも、ナミビアの道路を車で走ってい

アフリカゾウ、スプリングボック、エランドが数十メートル先で水を飲んでいる。

るだけで、地平線がどこまでも続く壮大な光景の中に、野生動物が次々に登場する。ナミビアの道路は信号もなく、ひたすら真っすぐで単調だが、植生の移り変わりに加えて、さまざまな野生動物が観られるため、飽きることがない。ナミビア国内で記録されている植物は四五〇〇種以上、そのうち約七〇〇種はナミビアの固有種、二七五種以上がアンゴラ南部と南アフリカを含むナミブ砂漠の固有種だという[1]。動物については、二一七種の哺乳類のうち二六種が固有種、六四四種の鳥類のうち一〇三種がナミビアを含む南部アフリカの固有種である[2]。IUCNの絶滅危惧種に指定されているチーターやクロサイの個体数は、ナミビアが世界一といわれている。

このように高い生物多様性を誇るナミビ

ナミビアのダートロード

アは、観光立国でもある。ここ二〇年以上、ナミビアへの観光客は右肩上がりで増加し、現在、観光業はナミビアの主要産業の一つになっている。ナミビアにおける自然保護の歴史は古く、南部アフリカの中では、ジンバブウェと並ぶ〝自然保護・保全の先進国〟だ。私が調査をしてきたオンバズ村は、二〇一二年にオンバズ野生動物保護区の一部になった。ムヤコ村はナミビアで最も古いサランバラ野生動物保護区に含まれ、二〇〇八年にはムヤコ森林保護区としても制定された。自然保護区というと、人の生活と切り離された〝手つかずの自然〟のようなものを想像しがちだが、ナミビアでは、人びとが暮らす地域にも自然保護区が設けられている。オンバズ村やムヤコ村もその一例である。

2 「人は動物には敵わない」

ムヤコ村で調査中のある日、まだ薄暗い早朝にお母さんとカソコニャの妻が出掛けようとしている。どこに行くか尋ねると「畑」と言うので付いて行った。畑に着くとしばらくの間、黙って地面を見ていたお母さんが大きな声で「大変！　チサト、ちょっと来てここを見て！」と叫んだ。すぐに駆け寄り、お母さんの指さす地面を覗き込む。そこには一〇センチメートル大の何か丸っこい跡がある……ような気がする。だが、私にはその丸っこい跡が何かの動物の足跡であろうこと以外、何もわからない。よくわからないものの、動物の足跡だとすると大きい。「何の足跡？」と聞くと、お母さんは「ウニャティ（*Unyati*）よ！　今日の朝、ここに一頭来てあっちの方向に歩いて行った。（畑の囲いの少しひしゃげた箇所を指して）ここから入ったのよ！」と言った。たった一つの足跡から即座にそれだけの情報を得たのかと驚きながらも、〃ウニャティ〃がわからなかった私はより詳しい説明を求め、〃牛のような、でも牛ではないもっと大きい動物で、畑の作物を全部食べてしまう大変たちの悪いやつ〃であることまでを理解し、帰宅後、お父さんからアフリカスイギュウ（*Syncerus caffer*）であることを教えられた。

アフリカスイギュウは体重五〇〇～七〇〇キログラムにもなる草食性の偶蹄類で、サファリで特

に人気の野生動物である〃ビッグファイブ〃（アフリカゾウ、ライオン、サイ、ヒョウ、アフリカスイギュウ）の一つに数えられる。先の出来事のように、ムヤコ村に暮らす人びとにとって、ビッグファイブに名を連ねる野生動物はサファリに観に行くものではなく、日々その息遣いを感じながら生きているとても身近な存在だ。ライオンやヒョウが身近にいると聞くと、とても怖く感じるが、村の人びとが最も恐れているのはアフリカゾウだ。アフリカゾウはとにかく大きいこと、気性が荒く非常に危険なこと、畑を一夜にして全滅させせること、そしてこの村では頻繁に出くわす動物であることから、人びとの話題にもよく上る。友人のカソコニャからもブッシュでゾウに出くわした話をいくつも聞いている。怒ったゾウに延々と追いかけられ、「もう走れない、だめだ」と思った時、洪水対策用の土管を見つけ、そこに潜り込んで何とか難を逃れた話。ようやく買った自転車で出掛けた時にゾウに出くわし、置いていってたまるかと思い自転車を担いで何キロも走って逃げた話。「自転車に乗ればよかったのに」と言ったら、「ブッシュの中だったから、乗っていたら追いつかれていた」と自慢げに語った。またある日には、ゾウに追いかけられながら、服を一枚ずつ脱いでいき（ゾウは脱ぎ棄てられた服のにおいに気を取られるので、時間稼ぎ

アフリカゾウの足跡

ムヤコ村では至る所にゾウの足跡や糞があるが、私はその姿を見たことがない。

になるらしい)、逃げ切った時にはパンツ一枚だった話。カソコニャの身振り手振りを交えた臨場感のある話をドキドキして聞きながら、私がもし調査中ゾウに出会ったら、カソコニャみたいに走って逃げられるかな、と不安になる。

こんなに身近な存在であり、糞や足跡、なぎ倒された木など、ゾウの痕跡は至る所に見られるのに反して、雨季(一〇月〜一一月)にこの場所を訪れることの多い私は、ゾウそのものの気配をほとんど感じたことがない。その違和感をカソコニャに話すと、彼は「雨が終わるとここはゾウでいっぱいになる。だけど次の雨が降ったらゾウたちはあっちの方(南の方を指さして)に行くんだ。(ゾウが)見たいなら七月か八月に来い」と言った。彼らの経験から身に付いているこのタイミングはかなり正しく、方向もたぶん間違っていない。

ナミビアのカプリビ回廊を中心として、隣接するアンゴラの南東部、ザンビア南部、ボツワナ北部、ジンバブウェ北西部を含む約五〇万平方キロメートルの地域は、国境を越えたカバンゴ―ザンベジ保全地区(Kavango-Zambezi Transfrontier Conservation Area、通称KAZA)として各国が共同で保全を行っている。この保全地区には、世界自然遺産であるオカバンゴデルタを含め、二〇もの国立公園があり、河川や湖、サバンナ、ウッドランドなど多様な環境に多くの野生動物が生息している。この地域で行われた研究から、アフリカゾウやシマウマ、アフリカスイギュウなど、多くの大型哺乳類がこの広大な地域を季節的に移動しながら暮らしていることがわかっている。

例えば、バーチェルサバンナシマウマは、ムヤコ村周辺と約五〇〇キロメートル離れたボツワナのヌサイパン国立公園の間を季節的に移動している。[3] ムヤコ村周辺で乾季を過ごしたシマウマたちは、雨が降り始める一二月頃、この地域を離れ、ヌサイパン国立公園までの約五〇〇キロメートルの道のりを数日から数十日で駆け抜ける。そして、ヌサイパン国立公園で雨季を過ごしたシマウマたちは、雨の終わる三月か四月頃、再びこの地域に戻ってくるという。

アフリカゾウの季節移動はより柔軟で、時空間的に変動の大きな雨に合わせて、個体や年によって季節移動をする・しない、移動する時期、期間などが異なるようだ。それでも、乾季をムヤコ村周辺で過ごしたアフリカゾウが、雨の訪れとともにこの地を離れ、北や南へ数一〇〇キロメートル以上移動し、再び戻ってくることが報告されている。[4] アフリカゾウは乾季には恒常的に水のある場に集合するが、雨季には競争を避け、より多くの資源を得られる場を求めて旅をするため、乾季の居場所を離れるのではないかと考えられている。ムヤコ村の西側には年中水を湛えたリャンベジ湖があり、周囲にはいくつもの大きな河川がある。カソコニャの「乾季にはここはゾウでいっぱいになる」という話と合わせて考えると、ムヤコ村周辺がアフリカゾウの乾季の居場所になっている可能性は十分にある。

このようにムヤコ村周辺は、オカバンゴデルタをも含む貴重な生態系の一部である。現在、南部アフリカでは、土地の私有化が進んでいることや、家畜の疫病防止のためのフェンス（家畜の口蹄疫などの感染症の拡大を防ぐ目的で、ナミビアとボツワナで建設されている柵）の設置によって野生動物の移動が困難になっている。[5] このような土地の分断がまだあまり進んでいないムヤコ村周辺は、野生動物にとって残された貴重な生態系といえる。そういう場所であることが、国内外で認められているからこそ、先のＫＡＺＡのような国を跨いだ保全地区が設けられ、保全が進められているのだろう。この地域に限らず、ナミビアは国土の半分以上が自然保護区に指定され、動植物が守られている。そのおかげで豊かな植物相や動物相は保たれ、観光客がサファリを楽しむことができ、私たちのような部外者が調査することができる。

しかし、部外者までもがふらりとその場に行って楽しめる大自然があるということは、野生動物とともに生きる人びとがいること、彼ら・彼女らが自然の中で生きていく経験と覚悟を持っていることに支えられている。ナミビアでは一部の国立公園や自然保護区にも人が居住しているが、〝保護区〟では野生動物を捕まえたり、追い出したりできない。豊かな自然があるからこそ、その場所が保護区になるのであって、そこに人も暮らしていれば当然、野生動物による畑荒らしや人身被害は避けられない。私がムヤコ村に滞在していたある日、数件隣の家の子どもが水浴び中にワニに襲われた。腕だけが発見されたその子の捜索は、数日間多くの村びとが参加して行われた。だが、村の人たちの必死の捜索にもかかわらず、残りの部分は発見されなかった。捜索に参加していた村のお父さんとお母さんは、毎日暗くなってから疲れ切った顔で帰宅していた。お母さんが事の詳細を私に話しながら「お葬式もできない」と流した涙が忘れられない。

この村では子どもたちが日常的に湖で洗濯や水浴びをする。そのため、子どもたちがワニやカバに襲われる事故は少なくない。私は、野生動物が身近にいるワクワク感の反面、こんなこともあることをわかったつもりでいた。しかし、この出来事はそんな私の〝つもり〟を簡単に打ち砕き、恐怖心とともにずっと心に残っている。それを覚悟で来ているにもかかわらず、調査に行きたくないなとか、湖には自分も近づきたくないし、可愛い家の子どもたちも近づかせたくないなどと思ってしまう。だが村の人たちは違う。そんな事故があった次の日から、普段通り、湖で洗濯をし、子どもらを湖へ水汲みや水浴びに行かせる。彼らは野生動物をただ怖がるでも憎むでもない。もちろん、観光資源や食料資源として野生動物からたくさんの恩恵を受けていることも十分に理解し、一方では、こんな厳しい現実にもたびたび直面しながら、こんな言葉を言う。

「人は動物には敵わない。すごいんだ。怖いんだ。尊敬すべき存在で、不用意に近づいたりしてはいけない」

ある日、カソコニャがぽつりと言ったこの一言に、彼らがこの地域で暮らしてきた時間の長さ、経験の積み重なり、自然に対する心構えが見え、〝共に生きる〟ことの本当の姿を突き付けられたように感じた。

3 三重の自然保護区の中で

こんな風に、ナミビア北東部ではビッグファイブを含むサバンナの野生動物に加えて、水辺に生息する野生動物も多く、野生動物たちは身近な隣人である。そのため、この地域はナミビア国内でも特に生物多様性の高い地域として国立公園や自然保護区が多く設けられている。ムヤコ村は森林保護区と野生動物保護区（後述）、さらには国境を跨いだＫＡＺＡも含めると三重の保護区の中に位置している。保護区として制定されたことで、人びとには保全活動にかかる費用などが支給される一方、従来の自然資源の利用は転換を迫られている。以下では、ムヤコ村の保護区としての側面を紹介する。

ナミビアにおける自然保護

ナミビアでは、植民地期から宗主国によって自然保護政策が積極的に行われてきた。現在、ナミビア最大規模の国立公園であるエトーシャ国立公園は、一九〇七年に当時のドイツ領南西アフリカの下で設立された保護区が起源になっている。植民地期、白人所有の土地には商業的自然保護区（Commercial Conservancy）が設けられ、保護区内でのハンティングや観光を通した野生動物の利用が認められていた。[6] 独立後、このシステムは共有地にも適用され、ナミビア全土に多くの自然保護区が設置された。現在、国土の一七％が国立公園を含む国立の自然保護区であり、私設の保護区を含めると国土の半分以上が何らかの自然保護区になっている。以下では、ムヤコ村がその内部に含まれる二つの保護区について、少し詳しく説明しておく。

ナミビアで通例コンザーバンシーと呼ばれる野生動物保護区の設置は、一九九六年の自然保護改正案によって決定された。二〇一九年の時点で、共有地には八六の野生動物保護区が設置され、国土の二〇%を占めている（図10）。コンザーバンシーは、自然保護政策の下、野生動物を保護し、観光業を活性化させることを目的としている。

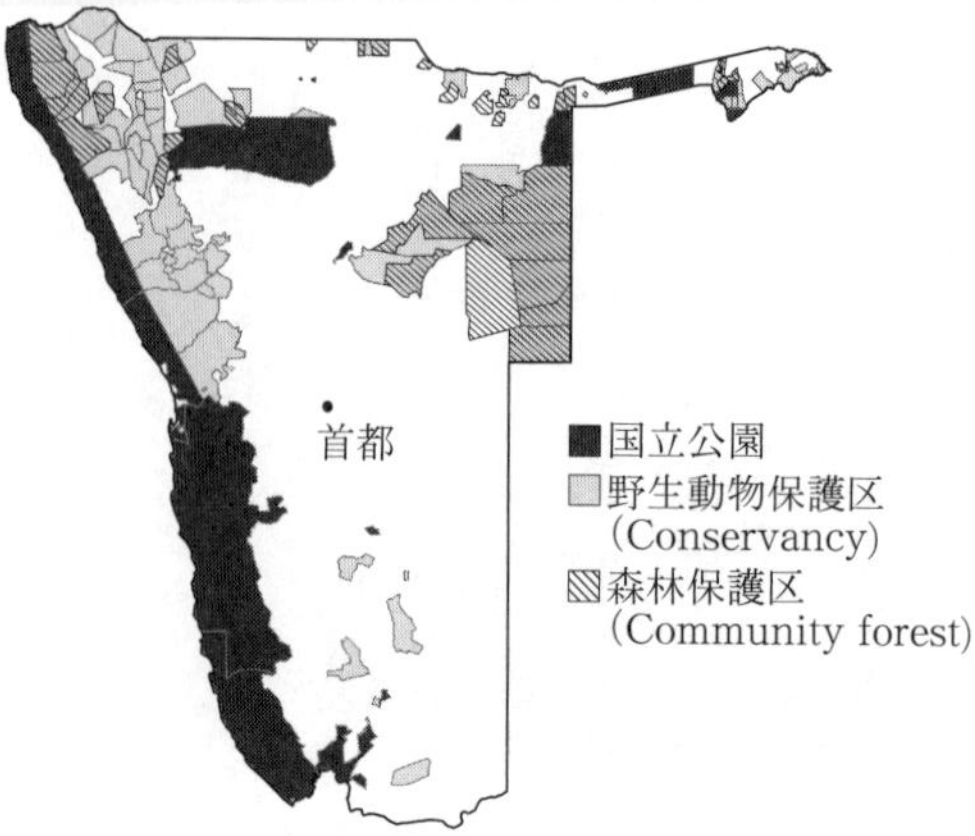

一方、森林保護区は、二〇〇一年に森林局のコミュニティー・フォレストプログラムとして始まった。コミュニティー・フォレストという名の通り、コミュニティーが主体的に森林を管理し、自然資源の保護と持続的な利用を目指す中で、地域とコミュニティーメンバーの発展に重点が置かれている。このプログラムは、南部アフリカではナミビアで初めて実施され、二〇二〇年時点で北部の共有地を中心に四三の森林保護区が設立され、国土の八%を占めている。森林保護区では、より広範に自然資源全般が保護の対象になる。活動内容は各森林保護区で異なるが、ザンベジ州の森林保護区では、森林パトロールや養蜂、防火対策、材木や薪の販売などが行われている。

首都
■国立公園
野生動物保護区 (Conservancy)
森林保護区 (Community forest)

図10　ナミビアの自然保護区

ムヤコ森林保護区

二〇〇八年、ムヤコ村周辺の一万二〇〇〇ヘクタールは森林保護区として制定された。一万二〇〇〇ヘクタールというと、ディズニーランド約二六〇個分、または東京二三区の五分の一くらいだそうだ。森林保護区では、その地域に暮らす人たち全員が利益を得られる受益者として想定される。二〇一〇年、ムヤコ森林保護区では、受益者として一八二二人が登録されていた。保護区としての活動は、コミュニティーから選ばれた四人の森林保護区委員と村のチーフを中心に行われている。私の居候先のお父さんもこの委員の一人だったため、活動の内容は比較的よくわかった。

森林の調査や違法伐採の取り締まりなどを行うパトロールは、その活動のメインの一つといえる。カティマムリロの森林局に申請してGPSや自転車、テントなどを支給してもらい、月に三〜四回パトロールを行う、ということになっている。しかし、広大な範囲を少人数で管理しなければならず、かなりの重労働である。さらに、長時間拘束されることや報酬がないこと、食料は自分で用意しなければいけないなど、パトロールに積極的になれない要因はいくつもある。ムヤコ村でも、ディズニーランド二六〇個分の面積をたったの四人で見回らなくてはならない。当然、見回れるはずもなく、モチベーションもないため、パトロールはあまり行われていない。例えば二〇一〇年五月の一か月間に行われたパトロールは、お父さんが行った日帰りのパトロールが二回だけだった。

木材資源の管理も森林保護区の委員の仕事の一つである。森林保護区では、建材として利用する

この50 mmの降水量も、例えば、ナミブ砂漠のゴバベブという場所では、雨として27 mm、霧として31 mmという内訳になる。海岸部の湿った空気は、夜間、南西風に乗って内陸に運ばれ、放射冷却によって霧になる。夜に発生し、昼には消えてしまうこの霧は、ナミブ砂漠の生き物たちを支えている。例えば、ナミブ砂漠の固有種であるキリアツメゴミムシダマシ(*Onymacris unguicularis*)は、霧に背を向けて逆立ちし、イボイボの付いた背中で霧を集め、雫を口まで運ぶ。霧集めに効率的なこの構造は乾燥地で人の飲料水を得る素材の開発にも役立てられている。[7]

ナミブ砂漠の赤さは、その砂粒に由来する。ナミブ砂漠の砂は大陸の反対側、グレートエスカープメントの東縁にあたるドラケンスバーク山脈から、オレンジ川(ナミビアと南アフリカの国境)によって運ばれてくる。河口まで運ばれた砂は、ベンゲラ海流と南西風によって再び陸地に運ばれ、海岸部に砂丘を形成する。砂が赤いのは、鉱物に含まれる鉄分が風化の過程で溶出し、酸化したためである。鉱物から鉄分が溶出する過程には長い年月がかかる。息をのむほどの真っ赤な砂丘は、少なくとも約4000万年といわれる長い歳月が造り上げたものだという。

Column 5

真っ赤なナミブ砂漠

ナミビアと聞いて、すぐにどこにあるのか、どんな場所か思い当たる人は多くないと思う。だが、見渡す限り真っ赤な砂丘が続く光景はどうだろう。南部アフリカの西岸に沿って、アンゴラ南部からナミビア、南アフリカ北部にかけて、南北約2000 km、幅約20〜200 kmにわたって細長く続くナミブ砂漠。西岸(または海岸)砂漠と呼ばれる砂漠で、一部の世界遺産を含み、ほぼ全域が国立公園になっている。

ナミブ砂漠の成因は、大きく二つある。一つは、ナミビア自体が亜熱帯高圧帯に位置し、乾燥していること(同じ南緯20度付近でもアフリカ大陸東部はインド洋からのモンスーンの影響でより湿潤)。もう一つは、ナミビア沖を流れるベンゲラ海流の影響である。一般に降水量は、水蒸気の供給源となる海に近いほど多く、内陸に行くにつれて減少する。しかし、ナミビアの降水量は全く逆のパターンを示す。海岸部でゼロに近い降水量は、内陸に向けて徐々に増加し、ナミビア北東部では年間700 mmを超える。アフリカ大陸西岸を北上するベンゲラ海流は、環南極海流から分流する寒流で、この寒流によってナミビアの海岸部は一年を通じて冷涼な海洋性気団に覆われる。冷やされた海岸部では、上昇気流が発生せず雨がほとんど降らない。ナミブ砂漠の降水量は、年間50 mm程度である。

荷物を運ぶ木製の橇

樹木の伐採や販売、輸送、輸出の際に許可が必要である。伐採許可は一通一五ナミビアドル（1N$ ≒0.14US$、二〇一〇年一〇月二三日時点）で、およそ八〇本の樹木を伐採できる。4章第1節で述べたムヤコ村での小屋の新築の際、使われた樹木をざっと数えたところ、直径約一〇センチメートル以下のモパネの幹が計二六〇本だった。この時建てられたのは比較的大きな小屋だったものの、小さな小屋であっても新築の場合には、一つの許可で得られる八〇本の樹木では不十分だろう。さらに、小屋とその周りの柵に加えて、畑や家畜囲いの柵も数年おきに新しくしたり、修復したりする必要がある。そのため、村の人びとはほぼ毎年何らかの用途で伐採許可を得る必要がある。許可の発行や材・薪などの販売で得た利益は、森林保護区の資金として各コミュニティーで管理し、貯水タンクや道路の建設などに使用される。

ムヤコ村では従来、農地を開墾する際には、土地の利用と樹木の伐採に対する許可をチーフから得る決まりになっている。現在では、これに加えて、右記の樹木の伐採許可が必要になる。つまり、これまでは自由に伐採していた建材をわざわざ委員に報告して許可を得て、さらにお金まで支払う必要がでてきたわけだ。こんな手間と時間とお金をかける人は多くはない。例えば、二〇一〇年五月の一か月間にムヤコ村で四つの伐採許可が申請されたが、その一方で、許可を得ていない〝違法伐採〟が三件発見され、六五本の材が回収された。この地域では大量の物資を運ぶ際に、シレイと呼ばれる木製の橇を使用する。シレイがないと大量の樹木を運ぶのは大変だが、多くの家にはシレイがないため、必要な時に持っている人にピースワークとして依頼して運んでもらう。一方で、許可を得ずに伐採した樹木の輸送は、あまり公に人に依頼できないため、伐採された樹木は多くの場合、一定期間森林内に放置される。委員はパトロールでこのような樹木を見つけると回収し、近くの町で売却する。販売価格は、樹皮のついた材が一本七ナミビアドル、樹皮のついていない材は一本一〇ナミビアドルで、売り上げの四分の一が事務所、残りは村の取り分になるという。

端っこのキャンプサイト

ムヤコ村はサランバラ野生動物保護区の一部にもあたる。サランバラ野生動物保護区は一九九四年にナミビアの共有地に初めて設立された自然保護区の一つで、一九九八年に正式に野生動物保護区になった。一万四〇〇〇ヘクタールのコアエリアを取り囲むように全体では九万三三〇〇ヘクタールを覆う大規模な保護区として設置され、ムヤコ村の他にもいくつかの村がこの保護区に含まれている。コアエリアでは、人の居住だけでなく農耕、放牧、採集などの活動が禁止され、中心にはキャンプサイトが設置されている。

私は二〇〇九年に一度、このサランバラ・キャンプサイトを訪れた。ムヤコ村もその一部とはいえ、広大な保護区であるため、その中心にあるキャンプサイトへは村から直線距離でも二〇キロメートル以上もある。日々の調査を考えると、歩いても行けない距離ではないが、村の人びとにとっての〝歩いて行ける場所〟は、単に距離だけで決まるのではない。当たり前だが、家族・友人・知人がいるなど、つながりがあるところ以外へは行かない。ムヤコ村の多くの人たちにとって、サランバラ・キャンプサイトはつながりのある場所とは認識されていない。車があれば、すぐに辿り着ける距離だが、車のない私はナミビア流で行くしかない。まず、ムヤコ村で車を拾って州都のカティマムリロまで行き、カティマムリロでキャンプサイト方面に行く車（が少なく、半日以上待った）をヒッチハイクし、キャンプサイトに通じる道路の脇で下ろされた。「あとは、この道を真っすぐに行け」というドライバーの言葉に従い、教えられた道をひたすら歩いた。どのくらい歩いたのかはっきり覚えていないが、道中撮っていた写真から判断すると二時間ほどかかったようだ。道中、家が点在してはいたものの、人には全く会わなかった。能天気なのか、「本当にこの先にキャンプサイトがあるのか？」なんてことは全く疑わなかったものの、キャンプサイトの入口の看板を見つけた時にはほっとした。

こんな調子なので、早朝ムヤコ村を出たものの、キャンプサイトに着いたのは午後もだいぶ遅くなってからだった。どう考えても予想できた事態だったが、なぜか、その日のうちに村まで帰るつもりで出てきてしまっていたため、ほとんど何も持っていなかった。急遽、キャンプサイトでテン

キャンプサイト入口の看板

トを借り、携帯電話で村のお父さんに帰れないと連絡し、一泊することにした。村では常に家族の話す声、子どもたちの笑い声、家畜の声など、うるさいほどの音に囲まれているため、久々の静寂に戸惑ったことを覚えている。運よくリュックに忍ばせてあったチョコレートを食べ、懐中電灯もなく、することもないため、日が落ちてすぐに寝た。こんな状況でも、こんな場所でも、寝られるのは私の特技の一つだ。

キャンプサイトにはテント場が設けられ、トイレやシャワー、火床などの設備も整えられていた。利用料金は大人五〇ナミビアドル、子ども三五ナミビアドルで、薪もひと束一〇ナミビアドルで販売されていた。キャンプサイトには常時数名のスタッフとレンジャーが滞在し、他のスタッフは少し離れた事務所に駐在していた。レンジャーは観光客とともにサファリに出掛けるほか、保護区の見回りや野生動物の個体数調査、密猟の取り締まりなども行うという。キャンプサイトで働く人は近隣の村の人たちで、ムヤコ村の人もいるという話だった。スタッフ（受付）の一人によると一か月あたりの給料は八〇〇〇ナミビアドルで、この給料は、例えばナミビアにおけるスーパーの店員（レジ打ち）

と同程度である。[8] 一方、不定期な賃金労働によって現金を得ているカソコニャは、月の収入はゼロの時もあれば、数千ナミビアドルの時もある。仕事の内容や拘束時間、必要な知識などの情報がないため、キャンプサイトのスタッフという職が、〃いい仕事〃かどうかはわからないが、近隣の村の人びとにとって一つの現金収入の機会になっていることは確かである。

サランバラ・キャンプサイトを訪れる観光客は、サファリや次に示すトロフィー・ハンティングを目当てにやってくる。キャンプサイト近くの水場には、野生動物の観察台が設けられ、観光客は昼夜を問わず、野生動物を観察できる。また、レンジャーとともに歩いて野生動物を観に行くウォーキングサファリや、レンジャーの運転する車で動物を観に行くゲームドライブも楽しめる。キャンプサイトで見せてもらった訪問者リストによると、二〇〇七年には南アフリカやジンバブウェなどの周辺国に加えて、ヨーロッパや北米など計一一か国から二〇〇人を超える観光客が訪れていた。サランバラ・キャンプサイトは、隣国のザンビアやジンバブウェ、ボツワナ、アンゴラからもアクセスできるとはいえ、ナミビアの首都からは一〇〇〇キロメートルも離れたナミビアの端っこに位置している。カプリビ回廊には国立公園を含めて多くの保護区が設置され、正直、サランバラ・キャンプサイトがメジャーなキャンプサイトとはいえない。にもかかわらず、これだけ多くの人が、遠い地からも訪れることに驚いた。

トロフィー・ハンティングの恩恵？

野生動物保護区ではトロフィー・ハンティングと呼ばれる狩猟を行うことができる。狩猟といっても、現地の人びとが行うものではなく、観光客が娯楽として行うものだ。野生動物を観て、写真を撮って楽しむサファリとは対照的に、トロフィー・ハンティングは、毛皮や角などの狩猟記念品（トロフィー）を得ることを目的に行われる娯楽としての狩猟である。賛否はあるが、ハンターが税金として政府に支払うお金が野生動物の保全に充てられるとともに、地域住民にも分配されるシステムとして、アフリカの多くの国で認められている。

ナミビアでも毎年、動物種ごとに狩猟可能頭数が決められ、各地の保護区内でレンジャー同行の下、ハンターがトロフィー・ハンティングを行っている。二〇〇七年、サランバラ野生動物保護区にはトロフィー・ハンティング用に、アフリカゾウが六頭（一頭あたり七八〇〇〇ナミビアドルを客が支払う）、アフリカスイギュウが二頭（一頭あたり七八八四ナミビアドル）、シマウマ五頭（金額不明）が割り当てられていた。これらのトロフィー・ハンティングで狩られる野生動物や、政府が頭数調整のために捕まえる野生動物の肉は、近隣のコミュニティーに配布される。サランバラ野生動物保護区の事務所の記録には、二〇〇七年にはアフリカゾウ九頭、シマウマ五頭、アフリカスイギュウ二頭の肉が周辺コミュニティーに配布され、ムヤコ村にもゾウ一頭の肉が配布されたことが記されていた。

私は、あいにく〝ゾウ肉〟は食べたことがないが、こうやって配布されたシマウマの肉を一度食べたことがある。ある日、「肉をもらいに行くからついておいで」と言われ、よくわからないまま、お母さんについて村の反対の端まで歩いて出掛けた。着いた先では、シマウマが一頭ゴロリと横たわっていた。切り分けられた肉をたらいに入れて持ち帰り、家族みんなで食べたが、お父さんだけは「こんなもの食えん!」と言って口にしなかったことが記憶に残っている。シマウマ肉の味は……少なくとも私の口には合わなかった。油にジャボンと漬けたコンビーフのような感じで、ものすごく臭い。ナミビアでは、牛やヤギ、ヒツジ(ブタはいるがほとんど食べない)、ニワトリなどの一般的な家畜だけでなく、スプリングボックやクドゥ、オリックスなどが牧場で飼育され、食肉として消費されている。町のスーパーマーケットにはブッシュミートやゲームミートとしてこれらの肉が売られ、レストランのメニューにもこれらの動物の名が並ぶ。村で食べるヤギ肉は日本でも恋しくなるし、村の鶏肉ほど美味しい鶏肉を私はこれまで食べたことがない。レストランで食べるスプリングボックやクドゥ、ワニの肉もとても美味しい。その反面、この時、村で食べたシマウマは類をみない臭いでほとんど食べられなかった。

ムヤコ・キャンプサイト計画

ムヤコ村はサランバラ野生動物保護区の中では周縁の地域にあたり、調査中、ここが野生動物保護区の一角であることを意識することは多くない。先述のように、時折ブッシュミートが配られたり、村にもキャンプサイトで働いている人がいると聞いたりする程度だ。だが、近年検討されている〝ムヤコ・キャンプサイト計画〟によって、ムヤコ村でも野生動物保護区の存在が大きくなりつ

リャンベジ湖に沈む夕日

つある。

ムヤコ村には、村はずれに地下からモーターで水を汲み上げる〝ポンプ〟が設置され、このポンプが村の人びとが利用する水の一部を賄っている。ポンプは一日の数時間だけ稼働し、汲み上げた水は村の数か所に設置されたタンクに配水される。村の人びとは、各家庭から近場のタンクまで水を汲みに行く。リャンベジ湖の水を飲料水として利用する人もいるが、多くの人はタンクや雨水を飲料水に、湖の水を洗濯や家造りなどの作業に利用している。こんな風に、ムヤコ村には、外国人でも飲める水があり、湖畔の美しい景色があり、野生動物も多い。こうしたキャンプサイト向きの条件が揃っていたため、候補地の一つに挙げられたようだ。

しかし、キャンプサイトの設営には、安全面や環境整備など村の人たちだけでは対応できない問題も多い。さらに、村の中には大規模な計画を快く思わない人もいるため、計画は失速している。このような反対派の人たちの中には、保護区の活動に関わる一部の人たちが利益を独占することへの不安や妬み、多くの人が訪れることによる安全面の不安などさまざまな意見があり、計画の進展にはいくつもの壁がありそうだ。

シロアリ塚から見えてきたさまざまな〝つながり〟

ここに書いた保全関連の話はまだきちんと調査したものではないし、そもそもこれまで書いてきたシロアリ塚のテーマに直接関わるものではない。それにもかかわらず、ここに書いたのは、ナミビアにおいて保全はそれ抜きに語ることができないほど重要な位置を占め、人びとの暮らしやこの地域の生態系の今後を左右するといっても過言ではないと思っているからだ。さらに、これまで私がただ興味本位で調べてきたシロアリ塚とそれを取り巻くもろもろのことが、思いがけずこの保全とつながって見えてきたのだ。そして、そのつながりこそが、私が唯一この地域の人たちに返すことのできるもののようにも思えている。

ナミビアでは積極的な保全活動の甲斐あって、野生動物の個体数が増加している。例えば、内戦や密猟によって一九九五年には七五〇〇頭まで激減したアフリカゾウは、二〇一三年には二〇万頭まで回復したともいわれている。[9] しかし、保全活動が順調に進むその一方で、少なくとも一部の人びとを取り巻く状況は、窮屈さを増しているように見える。野生動物自体が個体数を増していることに加えて、貴重な観光資源として丁重に守られているため、ムヤコ村に限らず、ナミビア各地で地域住民と野生動物の衝突が増加していることが報告されている。[10] 地域によっては、コミュニティーによる保全活動がうまくいっている例があるという話ももちろん聞くことはある。一方で、一例に過ぎないが、私がムヤコ村で見てきた現状からは、今のところ人びとが自然資源から利益を得ていると実感できるまでには至っていない。確かに、いくらコミュニティー主体といったって、ほぼボランティアとして時間や時には私財を投じなければいけない活動には無理があるし、年に数回もらえるかもしれないブッシュミートや、いつか壊れるかもしれない貯水槽の買い替え資金のために、伐採の許可を申請したり、料金を支払ったりすることは割に合わない。

こうした状況の一方で、私はここで行われている保全があまりにもうまくいかないことを、とてももどかしく思っている。というのも、私はこれまで見てきたムヤコ村の人びとの生活は、(もちろん個人差はあるものの) まさに〝自然とともに生きる〟ものであることを感じてきたし、その都度垣間見える彼ら・彼女らの自然に対する姿勢や考え方は保全と相容れないものとは思えないからだ。だからこそ、この違和感はもどかしさとなってこれまでずっと私の心にある。

もちろん、このような状況を改善すべく、新たな案も検討されている。先に述べたムヤコ・キャンプサイト計画は、キャンプサイトを設立することで、より地域コミュニティーに直接かつ多くの利益をもたらすことができる、というのが前提になっている。また、野生動物と人との衝突を回避するため、野生動物の生息する地域と人びとの居住区を柵などで完全に分離する案も検討されている。これからも出てくるであろうこういったさまざまな案の中から何を選ぶのか、またはもっと別のより良いやり方を探るのか、どういう形で進めていくのかを考え決めるのは、ここに暮らす人たちだ。けれど、こんな状況を目の端でみながらこの場所で研究を進めるうちに、私が見てきたことが少しは役に立つのではないかと思うようになった。

これまで私は偶然見つけた「シロアリ塚」というテーマを、自分の興味関心だけに従って研究してきた。けれど、そのたった一つの小さな切り口から、シロアリという小さな虫が地形を変え、土を変え、そこにシロアリと植物とのつながり、シロアリと動物とのつながり、植物と動物とのつながりが生まれ、そのすべてが人びとともつながる、実に多様なつながりが生まれていることが見えてきた。そして、そのつながりのどれ一つが欠けても、この地域の豊かな生態系は成り立たない。先の例で考えると、例えば、野生動物と人びとの居住区を完全に分離すれば、少なくとも人びとの居住地の近くには大型の野生動物は来ず、両者の衝突は減るだろう。その一方で、大型の野生動物を含めて多様な動物が関わることが、〝豊かなシロアリ塚〟を生み出しているとすれば、その多様さは失われるかもしれない。そして、そのことは〝豊かなシロアリ塚〟をいろいろな形で利用している人びとの生活と無関係ではないだろう。

こういったことをここに暮らす人たちに伝えること。それが私を受け入れてくれ、人生を変えるような刺激的な日々を体験させてくれている村の人たちへのささやかなお礼として、私ができる唯一のことだと思うのだ。もちろん、そんなこと（つまり、さまざまなつながりによってこの地域の豊かな自然が生まれ、維持されていること）は当たり前のこととして彼らの身に沁みついていることは、私だってよく知っている。科学的な見方や知識をここの人たちに「教えよう」なんて思ってはいない。むしろ、村の人たちが経験から知り、肌で感じている物事の多さ、深さに驚くばかりで、彼ら・彼女らと過ごす時間が増えていくにつれ、教えられることもただただ増えていく。だが、私が私の見方で見るこの地域の姿は、それが当たり前となっている彼らにとっては新鮮なものであるはずだ。私と一緒に調査をしているカソコニャが、カメラトラップに映った野生動物の姿に心躍らせること、「数えてみるとチウル（シロアリ塚）にはこんなに植物がいっぱいあるんだね」と驚きとともに知ること、「あのゾウたちはチウルに葉っぱを食べに来ていたんだ！」と気づくこと。これこそが、私が彼らに示せる新たな視点だと思っている。こうした身の回りに溢れる〝つながり〟を科学的なデータから自覚的に知ることは、彼らの経験を裏打ちする武器となって、彼らの考え方や意見を部外者にも伝え、彼らの望む生活や環境を実現する大きな力になるのではないかと期待している。何より、現代社会において〝科学的な視点〟は、外からくるさまざまな計画に対する武器となるものだと思うから。

その役目を果たすためには、やるべきことはまだまだある。なぜ、シロアリは地域によって木の下に塚を造ったり、造らなかったりするのか。なぜ、ある地域でのみシロアリ塚の形態が長い年月をかけて劇的に変化するのか。「土の塔」に最初の木を運ぶのは本当に鳥なのか、それとも哺乳類か。本書に記してきたように、これまでの研究では、わからないことだらけであることがわかった程度だ。まだまだ調べるべきことは山のようにあり、これまでの研究はその入り口に立ったに過ぎない。これまで私がちまちま、コツコツと続けてきた研究を、いつかは地域の人たちが問題に対する方策を考える際の一資料として役立ててもらえるのではないかという期待をもって、まずは自分のできることから一歩ずつ進めていこうと思っている。

おわりに

「どうしてアフリカなのか?」これまで何度もこの質問をされた。わからない。今でもアフリカに滞在中、そこにいる自分が信じられなくなることがよくある。ただ、小さい頃から、自分はいつかアフリカに行くんだと、希望ではなく確信のようなものを持っていた。ぼんやりとした子どもだった幼少期に思いを馳せても、そう思うに至った原因はこれといって見当たらない。我が家ではほぼ唯一のテレビの時間であったNHKの「生き物地球紀行」の舞台がアフリカだと前の週から楽しみでドキドキしていたとか、映像や写真で見るアフリカの子どもの目がすごく綺麗だと(同じ子どもながら)思っていたとか、陸上選手のカール・ルイス(彼はアメリカ人だけれど)に憧れていたとか、そんな程度だ。

だから、小学校から大学を卒業する直前まで、片時も離れず目の前にあったサッカーにのめり込み、ほとんどそれしか見えていなかった。大学生活とともに人生のほとんどを費やしてきたサッカーが終わるということが現実味を帯びてきて初めて、次は何をしたらいいんだろうかと考え、いつかはと思っていたアフリカが顔を出してきた。なぜだか、アフリカに行くのなら旅行などでただ通り過ぎるのではなく、その場所やそこの人たちのことをもっとよく知ることができる方法で行きたいと思っていた。たぶん、極度の人見知りであり、いったん始めるとなかなかやめられない、という性格のため、ただ通り過ぎるのでは楽しめないと直感的に思っていたのだと思う。そんな時、大学で水野一晴先生（京都大学）の集中講義をたまたま受けた。この講義で、おぼろげになっている講義内容とは対照的に、一つはっきり覚えていることがある。「私の大学院に来ればアフリカに行けます」。講義の中で水野先生が言ったその一言で私は大学院を決めてしまった。

そうやって周りから見れば唐突に、私としては遂にアフリカに行く道が現実になった。そこからの経験は、本書の通りである。思い通りに行かない調査、空腹、渇き、暑さ、理解し合えたと思った途端に裏切られる人びととのやりとり……思い出は美化されるというけれど、そうでもない。初めのころの村の日々を思い出すと今でも胃がキリキリするし、一〇年以上経った今でも、渡航日が迫るとどうにか行かないで済む方法はないかと思案する。現地では未だに毎回、驚くほどに調査はうまくいかない。

けれどもその反面、アフリカではそこにいる野生動物に血が湧きたつような興奮を覚え、少しずつノートに刻み込まれていくデータが宝物のように愛おしく、調査後の生ぬるい水が何よりも美味しい。村の家族と囲む焚火は、体だけでなく、心もじんわりと温かくしてくれる。大自然の圧倒的なパワーが満ち溢れ、そこに身を委ねて生きる人たちの姿はとても美しく逞しい。雲を見て明日の天気を知り、家族や友人たちと語らい笑い合い、井戸から数キロも離れた何もない場所に根を下ろし、家畜や作物を自分たちの手で大切に育て、一日一日を生きる。とてもシンプルだが、しっかりと自分たちの力で生きている。一五年近くアフリカに通う生活を続けながら、未だになぜアフリカだったのかの問いに答えは出ない。だが、どんなに苦しく辛い思いをしてもなお、アフリカに通い続けている理由は、このアフリカの地に溢れる生命力だと思う。そんなところに放り出されたらひとたまりもない私でも、人びとの「生きる力」を見せつけられると、勇気が湧いてくるのだ。

本書は二〇一九年一〇月にお声掛けいただいてから、足掛け四年をかけて執筆した。この期間、日本を含む世界は新型コロナウィルスという新たな脅威にさらされ、突如これまでとは違った生活が始まった。海外に行くことも容易ではなくなり、急にアフリカがとてつもなく遠い存在になった。もちろん、物理的な距離は変わっていないし、これまでだってアフリカは飛行機に丸一日も乗っていないと辿り着けない遠い場所だった。だが、これまで私にとってアフリカは、研究費を捻出し、研究計画を練り、調査道具を準備し、気力と体力を整えることで行ける場所だった。だがそれは間違いで、それだけで調査を続けてこられたことが、どれだけの幸運な環境と多くの人びとの支えのおかげであったのか、思い知らされた。

本書を執筆していく作業は、自分の内面をさらけ出す気恥ずかしさや辛い調査の体験が蘇る苦しさもあったが、同時に自分自身を見つめ直すまたとない機会にもなった。「どうしてアフリカだったんだろう?」とか、「ここでこう感じる自分はこれまでのどういう経験や環境によって生まれたんだろう?」とか、幼少期から私の周りにいたたくさんの人の顔や言葉、経験が蘇り、慣れていかなければいけないことと、慣れてはいけないことがあることを再度自覚することができた。今このことに気づけたことは、今後の私の研究生活だけでなく、人生においても非常に意義のあることだったと思っている。このような貴重な機会に導いてくださった伊藤詞子さんと西江仁徳さんに心より感謝したい。伊藤さんは、何年も前の私の拙い発表を覚えていてくださり、執筆者の候補として名前を挙げてくださった。西江さんには伊藤さんのご紹介を通じて面識もない私に本書の執筆についてお声掛けいただいた。執筆中は常に気にかけていただき、アドバイスと励ましをいただいた。また、黒田末壽さん、京都大学学術出版会の永野祥子さん、嘉山範子さん、鈴木哲也さんには、つたない私の文章を何度も丁寧に直していただき、なかなか進まない執筆を気長に待っていただいたおかげで、本書を完成させることができた。ここに記して感謝申し上げる。

本書は京都大学大学院アジア・アフリカ地域研究研究科に大学院生および研究員として在籍していた一〇年近くの間の研究成果をもとに執筆した。私の研究はこの大学院で始まり、これまで研究を続けてこられたのは、この大学院で出会った多くの方々に支えられてきたからに他ならない。指導教員である水野一晴先生（現京都大学文学部）には大学院入学以来一貫してご指導いただいた。学部生の時、たまたま受けた水野さんの集中講義がなければ、私がアフリカに行くことはなかったかもしれない。入学後には調査地の選定にご尽力いただき、調査方法をご教授いただいたことはもちろん、文章もまともに書けない私に修士一年生の時からことあるごとに執筆の機会を与えてくださった。山越言先生には研究に躓くたびにご助言いただいた。考えをまとめるのに非常に時間のかかる私は、頭が混乱するたびに山越さんの部屋を訪れてまとまりのない話をしてアドバイスをもらい、頭の整理をしてきた。京都を離れその機会がなくなって初めて、とても貴重な時間であったことを痛感している。先輩である藤岡悠一郎さん（現九州大学）には入学当時から大変お世話になった。二〇〇九年「新しい調査地を探したい」という私の言葉に、ご自身も忙しい中、数千キロのドライブにも嫌な顔ひとつせず付き合っていただいたおかげで、最適な調査地を見つけることができた。何事にも興味を持ち、楽しそうに物事に取り組む藤岡さんがいなければ、研究の道に進んでいたかも怪しい。今さらだが、感謝を伝えたい。

大学院の同期の仲間たちには今でも事あるごとに力をもらっている。研究の道に進んだ仲間も、違う道に進んだ仲間も、全くもって枠にはまらない彼ら・彼女らの姿、考え方から多くの刺激をもらってきた。仲間の一人が言った言葉を私はいつも胸に留めている。「自然のメカニズムを解明するなんておこがましい。私たちは自然のほんの一部のとてもわかりやすいところだけを取り出して、わからせてもらっているんだ」。自然を相手に研究をしている身として、その仕組みをわかりたい、解明したいという志は持ちつつも、こんな謙虚な気持ちを持ちながら研究を続けていきたいと思っている。

ナミビアへの最初の渡航では、通称「ナミビア科研」（文部科学省科学研究費補助金、二〇〇五年度〜二〇〇八年度「南部アフリカにおける「自然環境―人間活動」の歴史的変遷と現問題の解明」、代表：水野一晴）の助成を受けるとともに、メンバーの故・沖津進先生（千葉大学）、山縣耕太郎先生（上越教育大学）、森島済先生（日本大学）、宮本真二先生（岡山理科大学）に大変お世話になった。初めてのアフリカに加え、研究というものすらよくわかっていなかった私に、研究者の目で見る自然のおもしろさ、黙々とする仕事からわかることの広がりを教えてくださった。何よりも研究は楽しいものだということをこの先生方の姿から学んだ。初めてのアフリカをこの先生方とご一緒できたことは本当に幸運であり、私の一生の財産である。

ナミビアでの現地調査は、上記の「ナミビア科研」に加え、以下の助成を受けて実施した。京都大学教育研究振興財団「長期派遣助成」（二〇〇八年度「シロアリ塚をとりまく自然環境のメカニズムと動態」）、日本学術振興会特別研究員奨励費ＤＣ２（二〇〇九〜二〇一一年度「南部アフリカ、モパネサバンナの自然環境の特性と人間活動の関わり」）、財団法人日本科学協会笹川科学研究助成（二〇一二年度「ナミビア北東部、氾濫原地域にみられる〝シロアリ塚植生〟の形成過程の解明」）、文部科学省科学研究費補助金（二〇一五年度〜二〇一七年度「シロアリ塚が生み出すナミビア北部、モパネウッドランドの生物多様性の解明」）、これらの助成金のおかげで遠いアフリカの地に何度も通い、研究を続けてくることができた。ここに記して感謝申し上げる。

そして何よりもオンバズ村とムヤコ村の家族には言葉に尽くせぬほど本当にお世話になった。オンバズ村のアントニオ一家は突然現れた何者かもわからない私にゼンバ名を与え、家族として迎え入れてくれた。今になってようやくわかるが、初めてのアフリカで私も大変だったが、アントニオ一家も大変だったと思う。衝突しながらもこの大家族と過ごした初めてのアフリカの日々を、私は決して忘れないだろう。ムヤコ村のマホシ一家はいつも目立つ私のことを心配してくれ、安全に調査をすることにとても気を遣ってくれている。その中でもカソコニャはいつも私の調査に同行し、助けてくれた。カソコニャがいなければ、ムヤコ村での調査は不可能だったし、彼のおかげで辛い調査の中にも楽しみを見つけることができた。そして何があってもまた再びナミビアを訪れてしまうのは、アントニオ家、マホシ家を含め、村の子どもたちのおかげだ。子どもたちがいなければ、私は苦しい調査を乗り越えてこられなかった。本当にいつもありがとう。彼ら・彼女らにとって、もう来ない、信頼できない白人ではなく、友人としていられるように、また彼らの元を訪れたい。

そして私がやりたいことをやりたいように続けてこられたのは、両親のおかげである。心理的にも物理的にどんなに遠くに行っても帰る場所があるという心強さと絶対的な体力への自信があったからこそ、私は好き勝手に考え、行動することができてきた。その時々、興味のあることだけに没頭する日々を送らせてくれたこと、虫捕り、虫の飼育から知った生き物のおもしろさや命の存在、三人だけのキャンプで恐怖さえ覚えた森の闇、におい、音に包まれる感覚など、幼少期の日々が今の私の研究を支えている。父の思考の深さと読書量にはまだまだ及ばないが、研究者としてはもちろん、一人の人として父のように深く考えられる人でありたいと思っている。

そして、この本を無事に完成させることができたのは、私にとっての新しい家族である夫・藤田知弘、息子・栞太、娘・千咲のおかげである。不安も多い研究を続ける中で、アフリカでの同じような経験を持ち、研究を続ける人がそばにいることはとても心強い。子どもたちの誕生は、私自身のものの見方や感じ方を変え、世界をさらに広げてくれた。起きるのが楽しみな日々をありがとう。

これから、子どもたちの目を通して見る世界を一緒に体験できることをとても楽しみにしている。
最後に、本書を亡き祖父・祖母・叔母・叔父と友に捧げる。

二〇二三年三月

山科　千里

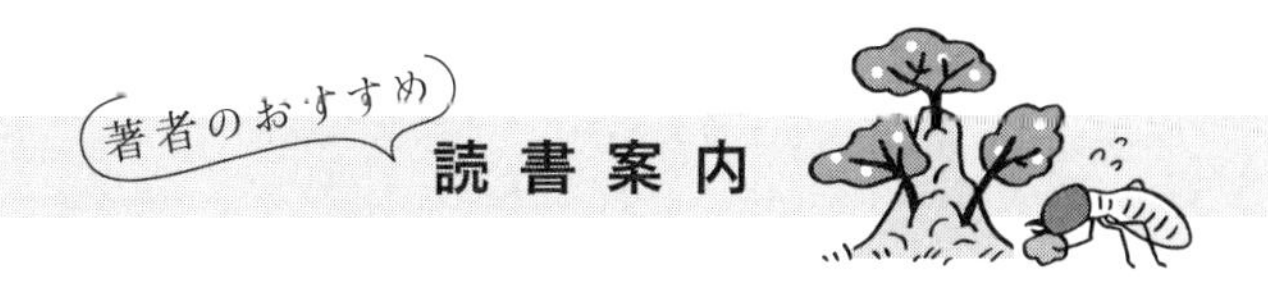

シロアリの生態――熱帯生態学入門

安部琢哉 著、東京大学出版会、1989年

日本におけるシロアリ研究の第一人者である著者がシロアリについてまとめたシロアリ入門書。シロアリそのものの生態に加えて、シロアリを通じて彼らが生息する熱帯多雨林やサバンナの生態系について述べられている。1989年出版の古書だが、日本語でシロアリについて書かれた書籍は少なく、とても貴重な書籍である。「シロアリ塚」を造るキノコシロアリについても多くのページが割かれており、私もシロアリについての調べものの際には、まずはじめに手に取る一冊である。

シロアリの事典

吉村剛・板倉修司・岩田隆太郎・大村和香子・杉尾幸司・竹松葉子・徳田岳・松浦健二・三浦徹 編、海青社、2012年

日本のシロアリ研究者らが最新の研究から得た知見をまとめた書。事典という名の通り、シロアリに関する項目が広く網羅されている。シロアリの野外での調査方法、シロアリの生理・生態・遺伝・行動、害虫としてのシロアリへの防除対策、シロアリの物質や教材としての利用など、さまざまな分野について、最新の研究から得られた成果を知ることができる。

シロアリ――女王様、その手がありましたか！

松浦健二 著、岩波書店、2013年

日本を代表するシロアリ研究者である著者が研究対象とするヤマトシロアリについて記した書。著者が解明してきたヤマトシロアリの社会生態に関する最新の研究成果が易しい文体で記述されており、驚くべきシロアリの生態を誰もが存分に楽しめる。加えて、著者の幼少期の様子や研究や自然に対する姿勢なども垣間見られ、研究者という存在を近くに感じられる。

[1] Maggs, G. L., Craven, P. and Kolberg, H. H. Plant species richness, endemism, and genetic resources in Namibia. *Biodiversity and Conservation*, 7: 435-446, 1998.

[2] Ministry of Environment, F. T. https://www.meft.gov.na/ (2021 June 20アクセス)

[3] Naidoo, R., Chase, M. J., Beytell, P., Du Preez, P., Landen, K., Stuart-Hill, G. and Taylor, R. A newly discovered wildlife migration in Namibia and Botswana is the longest in Africa. *Oryx*, 50: 138-146, 2016.

[4] Purdon, A., Mole, M. A., Chase, M. J. and Van Aarde, R. J. Partial migration in savanna elephant populations distributed across southern Africa. *Scientific Reports*, 8: 2018.

[5] Bartlam-Brooks, H. L. A., Bonyongo, M. C. and Harris, S. Will reconnecting ecosystems allow long-distance mammal migrations to resume? A case study of a zebra *Equus burchelli* migration in Botswana. *Oryx*, 45: 210-216, 2011.

[6] Jones, B. The evolution of Namibia's communal conservancies. In: F. Nelson, (ed.), *Community Rights, Conservation & Contested Land: The Politics of Natural Resource Governance in Africa.* London: Earthscan, 2010.

[7] Parker, A. R. and Lawrence, C. R. Water capture by a desert beetle. *Nature*, 414: 33-34, 2001.

[8] 藤岡悠一郎「ナミビア北部における食肉産業の展開とオヴァンボ農牧民の牧畜活動の変容」『アジア・アフリカ地域研究』6：332-351, 2007.

[9] パックストン美登利「多様な野生動物」水野一晴・永原陽子編『ナミビアを知るための53章』明石書店，2016年

[10] O'connell-Rodwell, C. E., Rodwell, T., Rice, M. and Hart, L. A. Living with the modern conservation paradigm: Can agricultural communities co-exist with elephants? A five-year case study in East Caprivi, Namibia. *Biological Conservation*, 93: 381-391, 2000.

Orycteropus-afer. African Journal of Ecology, 30: 322-334, 1992.

[23] Taylor, W. A. and Skinner, J. D. Associative feeding between Aardwolves (*Proteles cristatus*) and Aardvarks (*Orycteropus afer*). *Mammal Review*, 30: 141-143, 2000.

[24] Hamad, I., Delaporte, E., Raoult, D. and Bittar, F. Detection of termites and other insects consumed by african great apes using molecular fecal analysis. *Scientific Reports*, 4: 2015.

[25] 野中健一『昆虫食先進国ニッポン』亜紀書房，2008年

[26] 藤岡悠一郎「ナミビア農牧社会における昆虫食をめぐるエスノサイエンス」田付貞洋・佐藤宏明・足達太郎編『アフリカ昆虫学：生物多様性とエスノサイエンス』海游舎，52-69, 2019年

[27] 野中健一『民族昆虫学：昆虫食の自然誌』東京大学出版会，2005年

[28] Prior, J. and Cutler, D. Trees to fuel Africa fires. *New Scientist*, 135: 35-39, 1992.

[29] Sileshi, G. W., Nyeko, P., Nkunika, P. O. Y., Sekematte, B. M., Akinnifesi, F. K. and Ajayi, O. C. Integrating ethno-ecological and scientific knowledge of termites for sustainable termite management and human welfare in Africa. *Ecology and Society*, 14(1): 2009.

[30] 安部琢哉『シロアリの生態：熱帯生態学入門』東京大学出版会，1989年

[31] Wood, T. G., Johnson, R. A. and Ohiagu, C. E. Termite damage and crop loss studies in Nigeria - a review of termite (Isoptera) damage to maize and estimation of damage, loss in yield and termite (Microtermes) abundance at Mokwa. *International Journal of Pest Management*, 26: 241-253, 1980.

[32] 渡辺公三「穴と蟻塚　アフリカにおける大地」DOLMEN, 再刊1号: 141-16, 1989.

[33] Payne, C. L. R. and Van Itterbeeck, J. Ecosystem services from edible insects in agricultural systems: A review. *Insects*, 8: 20, 2017.

[34] Mguni, S. Iconography of termites'nests and termites: Symbolic nuances of formlings in southern african San rock art. *Cambridge Archaeological Journal*, 16: 53-71, 2006.

[35] 田中次郎『カラハリ狩猟採集民：過去と現在』京都大学学術出版会，2001年

[36] Weidner, H. Peter Kolbs ethnoentomologische Berichte über die Hottentotten Anfang des 18. Jahrhunderts. *Anzeiger für Schädlingskunde, Pflanzenschutz, Umweltschutz*, 60: 121-127, 1987.

[37] 菅栄子「シロアリ塚に関する迷信」日本ICIPE協会編『アフリカ昆虫学への招待』京都大学学術出版会，214-215, 2007年

5章

[8] Wiley, A. S. and Katz, S. H. Geophagy in pregnancy: A test of a hypothesis. *Current Anthropology*, 39: 532-545, 1998.

[9] Geissler, P. W. The significance of earth-eating: Social and cultural aspects of geophagy among Luo children. *Africa*, 70: 653-682, 2000.

[10] Mahaney, W. C., Hancock, R. G. V., Aufreiter, S. and Huffman, M. A. Geochemistry and clay mineralogy of termite mound soil and the role of geophagy in chimpanzees of the Mahale Mountains, Tanzania. *Primates*, 37: 121-134, 1996.

[11] Ruggiero, R. G. and Fay, J. M. Utilization of termitarium soils by elephants and its ecological implications. *African Journal of Ecology*, 32: 222-232, 1994.

[12] Joseph, G. S., Seymour, C. L., Cumming, G. S., Cumming, D. H. M. and Mahlangu, Z. Termite mounds as islands: Woody plant assemblages relative to termitarium size and soil properties. *Journal of Vegetation Science*, 24: 702-711, 2013.

[13] Erpenbach, A., Bernhardt-Römermann, M., Wittig, R. and Hahn, K. The contribution of termite mounds to landscape-scale variation in vegetation in a west african national park. *Journal of Vegetation Science*, 28: 105-116, 2017.

[14] Wisselink, M., Aanen, D. K. and Van 't Padje, A. The longevity of colonies of fungus-growing termites and the stability of the symbiosis. *Insects*, 11: 527, 2020.

[15] Evans, T. A., Dawes, T. Z., Ward, P. R. and Lo, N. T. Ants and termites increase crop yield in a dry climate. *Nature Communications*, 2: 7, 2011.

[16] 野中健一『虫食む人々の暮らし』日本放送出版協会ＮＨＫ Books，2007年

[17] 藤岡悠一郎「ナミビア北部に暮らすオヴァンボ農牧民の昆虫食にみられる近年の変容」『エコソフィア』95-109, 2006.

[18] 陀安一郎「熱帯の生態系とシロアリの役割」今村祐嗣・角田邦夫・吉村剛編『住まいとシロアリ』海青社，103-113, 2000年

[19] Moe, S. R., Mobaek, R. and Narmo, A. K. Mound building termites contribute to savanna vegetation heterogeneity. *Plant Ecology*, 202: 31-40, 2009.

[20] Backwell, L. R. and D'errico, F. Evidence of termite foraging by Swartkrans early hominids. *Proceedings of the National Academy of Sciences*, 98: 1358-1363, 2001.

[21] Lesnik, J. J. Termites in the hominin diet: A meta-analysis of termite genera, species and castes as a dietary supplement for South African robust australopithecines. *Journal of Human Evolution*, 71: 94-104, 2014.

[22] Willis, C. K., Skinner, J. D. and Robertson, H. G. Abundance of ants and termites in the False Karoo and their importance in the diet of the aardvark

for large ungulates in Lake Mburo National Park, Uganda. *Journal of Zoology*, 267: 97-102, 2005.

[27] Muvengwi, J., Mbiba, M. and Nyenda, T. Termite mounds may not be foraging hotspots for mega-herbivores in a nutrient-rich matrix. *Journal of Tropical Ecology*, 4: 1-8, 2013.

[28] Van Der Plas, F., Howison, R., Reinders, J., Fokkema, W. and Olff, H. Functional traits of trees on and off termite mounds: Understanding the origin of biotically-driven heterogeneity in savannas. *Journal of Vegetation Science*, 24: 227-238, 2013.

[29] Joseph, G. S., Cumming, G. S., Cumming, D. H. M., Mahlangu, Z., Altwegg, R. and Seymour, C. L. Large termitaria act as refugia for tall trees, deadwood and cavity-using birds in a miombo woodland. *Landscape Ecology*, 26: 439-448, 2011.

4章

[1] Van Huis, A. Cultural significance of termites in sub-Saharan Africa. *Journal of Ethnobiology and Ethnomedicine*, 13: 2017.

[2] Hunter, J. M. Geophagy in Africa and in the United States: A culture-nutrition hypothesis. *Geographical Review*, 63: 170-195, 1973.

[3] Woywodt, A. and Kiss, A. Geophagia: The history of earth-eating. *Journal of the Royal Society of Medicine*, 95: 143-146, 2002.

[4] Saathoff, E., Olsen, A., Kvalsvig, J. D. and Geissler, P. W. Geophagy and its association with geohelminth infection in rural schoolchildren from northern KwaZulu-Natal, South Africa. *Transactions of the Royal Society of Tropical Medicine and Hygiene*, 96: 485-490, 2002.

[5] Luoba, A. I., Geissler, P. W., Estambale, B., Ouma, J. H., Magnussen, P., Alusala, D., Ayah, R., Mwaniki, D. and Friis, H. Geophagy among pregnant and lactating women in Bondo District, western Kenya. *Transactions of the Royal Society of Tropical Medicine and Hygiene*, 98: 734-741, 2004.

[6] Nchito, M., Geissler, P. W., Mubila, L., Friis, H. and Olsen, A. Effects of iron and multimicronutrient supplementation on geophagy: A two-by-two factorial study among Zambian schoolchildren in Lusaka. *Transactions of the Royal Society of Tropical Medicine and Hygiene*, 98: 218-227, 2004.

[7] Kambunga, S. N., Candeias, C., Hasheela, I. and Mouri, H. Review of the nature of some geophagic materials and their potential health effects on pregnant women: Some examples from Africa. *Environmental Geochemistry and Health*, 41: 2949-2975, 2019.

relation to environmental change along the Kuiseb River in the Namib Desert. *Asian and African Area Studies*, 3: 35-50, 2003.

[15] Sileshi, G. W., Nyeko, P., Nkunika, P. O. Y., Sekematte, B. M., Akinnifesi, F. K. and Ajayi, O. C. Integrating ethno-ecological and scientific knowledge of termites for sustainable termite management and human welfare in Africa. *Ecology and Society*, 14(1): 2009.

[16] Moe, S. R., Mobaek, R. and Narmo, A. K. Mound building termites contribute to savanna vegetation heterogeneity. *Plant Ecology*, 202: 31-40, 2009.

[17] Joseph, G. S., Seymour, C. L., Cumming, G. S., Mahlangu, Z. and Cumming, D. H. M. Escaping the flames: Large termitaria as refugia from fire in miombo woodland. *Landscape Ecology*, 28: 1505-1516, 2013.

[18] Venter, F. and Venter, J. A. *Making the most of Indigenous Trees*, Second edition. Pretoria, South Africa: Briza Publications, 2007.

[19] Cornelissen, J. H. C., Lavorel, S., Garnier, E., Diaz, S., Buchmann, N., Gurvich, D. E., Reich, P. B., Ter Steege, H., Morgan, H. D., Van Der Heijden, M. G. A., Pausas, J. G. and Poorter, H. A handbook of protocols for standardised and easy measurement of plant functional traits worldwide. *Australian Journal of Botany*, 51: 335-380, 2003.

[20] Joseph, G. S., Seymour, C. L., Cumming, G. S., Cumming, D. H. M. and Mahlangu, Z. Termite mounds increase functional diversity of woody plants in African savannas. *Ecosystems*, 17: 808-819, 2014.

[21] Joseph, G. S., Seymour, C. L., Cumming, G. S., Cumming, D. H. M. and Mahlangu, Z. Termite mounds as islands: Woody plant assemblages relative to termitarium size and soil properties. *Journal of Vegetation Science*, 24: 702-711, 2013.

[22] Yamashina, C. and Hara, M. Seed dispersal by animals influences the diverse woody plant community on mopane woodland termite mounds. *Ecosystems*, 22: 496-507, 2019.

[23] Okullo, P., Greve, P. M. K. and Moe, S. R. Termites, large herbivores, and herbaceous plant dominance structure small mammal communities in savannahs. *Ecosystems*, 16: 1002-1012, 2013.

[24] Holdo, R. M. and Mcdowell, L. R. Termite mounds as nutrient-rich food patches for elephants. *Biotropica*, 36: 231-239, 2004.

[25] Loveridge, J. P. and Moe, S. R. Termitaria as browsing hotspots for African megaherbivores in miombo woodland. *Journal of Tropical Ecology*, 20: 337-343, 2004.

[26] Mobaek, R., Narmo, A. K. and Moe, S. R. Termitaria are focal feeding sites

3章

[1] Dangerfield, J. M., Mccarthy, T. S. and Ellery, W. N. The mound-building termite *Macrotermes michaelseni* as an ecosystem engineer. *Journal of Tropical Ecology,* 14: 507–520, 1998.

[2] Mccarthy, T. S., Ellery, W. N. and Dangerfield, J. M. The role of biota in the initiation and growth of islands on the floodplain of the Okavango alluvial fan, Botswana. *Earth Surface Processes and Landforms,* 23: 291–316, 1998.

[3] Erens, H., Boudin, M., Mees, F., Mujinya, B. B., Baert, G., Van Strydonck, M., Boeckx, P. and Van Ranst, E. The age of large termite mounds-radiocarbon dating of *Macrotermes falciger* mounds of the Miombo woodland of Katanga, DR Congo. *Palaeogeography Palaeoclimatology Palaeoecology,* 435: 265–271, 2015.

[4] Verlinden, A., Seely, M. K. and Hillyer, A. Settlement, trees and termites in Central North Namibia: A case of indigenous resource management. *Journal of Arid Environments,* 66: 307–335, 2006.

[5] Watson, J. P. A termite mound in an Iron Age burial ground in Rhodesia. *Journal of Ecology,* 55: 663–669, 1967.

[6] Miller, M. F. Dispersal of Acacia seeds by ungulates and ostriches in an African savanna. *Journal of Tropical Ecology,* 12: 345–356, 1996.

[7] Toh, I., Gillespie, M. and Lamb, D. The role of isolated trees in facilitating tree seedling recruitment at a degraded sub-tropical rainforest site. *Restoration Ecology,* 7: 288–297, 1999.

[8] Stuart, C. and Stuart, T. *Field guide to mammals of southern Africa.* Cape Town: Struik Nature, 2007.

[9] Clive, W. *Signs of the Wild.* Cape Town, South Africa: Struik Nature, 1991.

[10] Dietz, J. M. Ecology and social organization of the maned wolf (*Chrysocyon brachyurus*). *Smithsonian Contributions to Zoology,* Number: 1984.

[11] Nakashima, Y., Inoue, E., Inoue-Murayama, M. and Abd Sukor, J. R. Functional uniqueness of a small carnivore as seed dispersal agents: A case study of the common palm civets in the Tabin Wildlife Reserve, Sabah, Malaysia. *Oecologia,* 164: 721–730, 2010.

[12] Roux, P. J. L., Müller, M. A. N., Curtis, B. and Mannheimer, C. *Le Roux and Müller's Field Guide to the Trees & Shrubs of Namibia.* Windhoek, Namibia: Macmillan Education Namibia, 2009.

[13] Veseyfitzgerald, D. F. Vegetation of the Red Sea coast south of Jedda, Saudi-Arabia. *Journal of Ecology,* 43: 477–489, 1955.

[14] Mizuno, K. and Yamagata, K. Vegetational succession and plant utilization in

2章

[1] Abe, S. S., Watanabe, Y., Onishi, T., Kotegawa, T. and Wakatsuki, T. Nutrient storage in termite (*Macrotermes bellicosus*) mounds and the implications for nutrient dynamics in a tropical savanna Ultisol. *Soil Science and Plant Nutrition*, 57: 786-795, 2011.

[2] Keller, L. Queen lifespan and colony characteristics in ants and termites. *Insectes Sociaux*, 45: 235-246, 1998.

[3] Collins, N. M. Populations, age structure and survivorship of colonies of *Macrotermes bellicosus* (Isoptera, Macrotermitinae). *Journal of Animal Ecology*, 50: 293-311, 1981.

[4] Turner, J. S. Architecture and morphogenesis in the mound of *Macrotermes michaelseni* (Sjöstedt) (Isoptera: Termitidae, Macrotermitinae) in northern Namibia. *Cimbebasia*, 16: 143-175, 2000.

[5] Korb, J. Thermoregulation and ventilation of termite mounds. *Naturwissenschaften*, 90: 212-9, 2003.

[6] King, H., Ocko, S. and Mahadevan, L. Termite mounds harness diurnal temperature oscillations for ventilation. *Proceedings of the National Academy of Sciences*, 112: 11589-11593, 2015.

[7] 安部琢哉『シロアリの生態：熱帯生態学入門』東京大学出版会，1989年

[8] Greacen, E. and Sands, R. Compaction of forest soils. A review. *Soil Research*, 18: 163-189, 1980.

[9] Timberlake, J. *Colophospermum mopane*: An overview of current knowledge., In: S. K. J. Timberlake (ed.), *African plants: Biodiversity, taxonomy and uses. Royal Botanic Gardens*, 565-571, 1999.

[10] Cunningham, P. and Detering, F. Determining age, growth rate and regrowth for a few tree species causing bush thickening in north-central Namibia. *Namibian Journal of Environment*, 1: 72-76, 2017.

[11] Rogers, L. K. R., French, J. R. J. and Elgar, M. A. Suppression of plant growth on the mounds of the termite *Coptotermes lacteus* froggatt (Isoptera, Rhinotermitidae). *Insectes Sociaux*, 46: 366-371, 1999.

[12] Tschinkel, W. R. The life cycle and life span of Namibian fairy circles. *PLOS ONE*, 7: e38056, 2012.

[13] Juergens, N. The biological underpinnings of Namib Desert fairy circles. *Science*, 339: 1618-1621, 2013.

[14] Tarnita, C. E., Bonachela, J. A., Sheffer, E., Guyton, J. A., Coverdale, T. C., Long, R. A. and Pringle, R. M. A theoretical foundation for multi-scale regular vegetation patterns. *Nature*, 541: 398-401, 2017.

引用文献

1章

[1] 松本栄次・池田宏・新藤静夫「タンザニア中部におけるシロアリの水文地形学的役割」『地形』12：219-234, 1991年

[2] Mendelsohn, J., Jarvis, A., Roberts, C. and T. Roberts. *Atlas of Namibia.* Cape Town: David Philip Publishers, 2002.

[3] 山縣耕太郎「地形からみたアフリカ」水野一晴編『アフリカ自然学』古今書院, 2-14, 2005年

[4] Styles, C. V. and Skinner, J. D. The influence of large mammalian herbivores on growth form and utilization of mopane trees, *Colophospermum mopane*, in Botswana's Northern Tuli Game Reserve. *African Journal of Ecology*, 38: 95-101, 2000.

[5] Teshirogi, K., Yamashina, C. and Fujioka, Y. Variations in mopane vegetation and its use by local people: Comparison of four sites in northern Namibia. *African Study Monographs*, 38: 5-25, 2017.

[6] Mapaure, I. The distribution of *Colophospermum mopane* (Leguminosae Caesalpinioideae) in Africa. *Kirkia*, 15: 1-5, 1994.

[7] Burke, A. Savanna trees in Namibia - factors controlling their distribution at the arid end of the spectrum. *Flora*, 201: 189-201, 2006.

[8] Sankaran, M., Hanan, N. P., Scholes, R. J., Ratnam, J., Augustine, D. J., Cade, B. S., Gignoux, J., Higgins, S. I., Le Roux, X., Ludwig, F., Ardo, J., Banyikwa, F., Bronn, A., Bucini, G., Caylor, K. K., Coughenour, M. B., Diouf, A., Ekaya, W., Feral, C. J., February, E. C., Frost, P. G. H., Hiernaux, P., Hrabar, H., Metzger, K. L., Prins, H. H. T., Ringrose, S., Sea, W., Tews, J., Worden, J. and Zambatis, N. Determinants of woody cover in African savannas. *Nature*, 438: 846-849, 2005.

[9] Timberlake, J. *Colophospermum mopane:* An overview of current knowledge. In: S. K. J. Timberlake (ed.), *African plants: Biodiversity, taxonomy and uses. Royal Botanic Gardens*, 565-571, 1999.

[10] Sil, I. *Ethnologue language of the world.* https://www.ethnologue.com/ (2022 July 15アクセス)

[11] Malan, J. S. The herero speaking peoples of Kaokoland. *Cimbebasia*, B: 113-129, 1974.

な

は

ま

や

ら

索　引

＊太字の数字は写真・動画・音声の掲載ページを示す。

あ

か

さ

た

Profile

山 科 千 里（やましな ちさと）

2012年、京都大学大学院アジア・アフリカ地域研究研究科（アフリカ地域研究専攻）修了。博士（地域研究）。筑波大学生命環境系特任助教を経て、現在は日本学術振興会特別研究員（RPD）。小さい頃から虫捕りや自然の中で遊ぶことは好きだったものの、大学卒業までは研究ともアフリカとも無縁のサッカーに明け暮れる日々を送る。その一方、自分はいつかアフリカに行くと心の中で決めていたため、「アフリカに行ける」という理由で大学院を選び、進学。入学の3か月後にはアフリカ南西部に位置するナミビで一人調査を始める。“シロアリ塚”は、大学院入学のためにたまたま見つけたテーマだったが、調べていくうちに、豊かな植物相を育み、多くの野生動物が訪れ、人びとの生活にも深くかかわるその存在に魅せられ、現在まで研究を続けている。

新・動物記 8
土の塔に木が生えて
シロアリ塚からはじまる小さな森の話

2023年 4 月 20 日　初版第一刷発行

著　者　山科千里
発行人　足立芳宏
発行所　京都大学学術出版会
京都市左京区吉田近衛町69番地
京都大学吉田南構内（〒606-8315）
電話　075-761-6182
FAX　075-761-6190
URL　https://www.kyoto-up.or.jp
振替　01000-8-64677

ブックデザイン・装画　森　華
印刷・製本　亜細亜印刷株式会社

ISBN 978-4-8140-0462-1　定価はカバーに表示してあります

た膨大な時間のなかに新しい発見や大胆なアイデアをつかみ取るのです。こうした動物研究者の豊かなフィールドの経験知、動物を追い求めるなかで体験した「知の軌跡」を、読者には著者とともにたどり楽しんでほしいと思っています。

最後に、本シリーズは人間の他者理解の方法にも多くの示唆を与えると期待しています。人間は他者の存在によって、自己の経験世界を拡張し、世界には異なる視点と生き方がありうると思い知ります。ふだん共にいる人でさえ「他者」の部分をもつと認識することが、互いの魅力と尊重のベースになります。動物の研究も、「他者としての動物」の生をつぶさに見つめ、自分たちと異なる存在として理解しようと試みています。そして、なにかを解明できた喜びは、ただちに新たな謎を浮上させ、さらなる関与を誘うのです。そこで異文化の人々の世界を描く手法としての「民族誌（エスノグラフィ）」になぞらえて、この動物記を「動物のエスノグラフィ（Animal Ethnography）」と位置づけようと思います。この試みが「人間にとっての他者＝動物」の理解と共生に向けた、ささやかな、しかし野心に満ちた一歩となることを願ってやみません。

シリーズ編集
黒田末壽（滋賀県立大学名誉教授）
西江仁徳（日本学術振興会特別研究員 RPD・京都大学）

来たるべき動物記によせて

「新・動物記」シリーズは、動物たちに魅せられた若者たちがその姿を追い求め、工夫と忍耐の末に行動や社会、生態を明らかにしていくドキュメンタリーです。すでに多くの動物記が書かれ、無数の読者を魅了してきた今もなお、私たちが新たな動物記を志すのには、次の理由があります。

私たちは、多くの人が動物研究の最前線を知ることで、人間と他の生物との共存についてあらためて考える機会となることを願っています。現在の地球は、さまざまな生物が相互に作用しながら何十億年もかけてつくりあげたものですが、際限のない人間活動の影響で無数の生物たちが絶滅の際に追いやられています。一方で、動物たちは、これまで考えられてきたよりはるかにすぐれた生きていく術(スキル)をもつこと、また、他の生物と複雑に支え合っていることがわかってきています。本シリーズの新たな動物像が、読者の動物との関わりをいっそう深く楽しいものにし、人間と他の生物との新たな関係を模索する一助となることを期待しています。

また、本シリーズは研究者自身による探究のドキュメントです。動物研究の営みは、対象を客観的に知るだけにとどまらない幅広く豊かなものだということも知ってほしいと願っています。動物を発見することの困難、観察の長い空白や断念、計画の失敗、孤独、将来の不安。そのなかで、研究者は現場で人々や動物たちから学び、工夫を重ね、できる限りのことをして成長していきます。そして、めざす動物との偶然のような遭遇や工夫の成果に歓喜し、無駄に思え